福建晋江安平桥瑞光塔修缮与保护研究

朱宇华 著

学苑出版社

图书在版编目（CIP）数据

福建晋江安平桥瑞光塔修缮与保护研究 / 朱宇华著 .
— 北京：学苑出版社，2021.11

ISBN 978-7-5077-6290-7

Ⅰ. ①福… Ⅱ. ①朱… Ⅲ. ①古塔—修缮加固—研究—泉州
Ⅳ. ① TU746.3

中国版本图书馆 CIP 数据核字（2021）第 222525 号

责任编辑：周鼎　魏桦
出版发行：学苑出版社
社　　　址：北京市丰台区南方庄2号院1号楼
邮政编码：100079
网　　　址：www.book001.com
电子信箱：xueyuanpress@163.com
联系电话：010-67601101（营销部）、010-67603091（总编室）
经　　　销：全国新华书店
印　刷　厂：三河市灵山芝兰印刷有限公司
开本尺寸：889×1194　1/16
印　　　张：12
字　　　数：147千字
版　　　次：2021年11月第1版
印　　　次：2021年11月第1次印刷
定　　　价：300.00元

前言

　　安平桥（五里桥）位于福建省泉州市晋江安海镇，南宋绍兴八年（1138年）修筑。它横跨晋江、南安二市交界的海湾上，蜿蜒曲折长达2500多米，又称五里桥。安平桥是我国现存最早的跨海石桥，由于其独特的遗产类型和突出价值，成为第一批公布的全国重点文物保护单位。现存主要文物除了石桥主体外，还包括瑞光塔（白塔）、海潮庵、水心亭、澄亭院，以及分布于安平桥体两侧的五座石塔（石亭）。

　　瑞光塔位于安平桥引桥东头，为桥头塔，与安平桥同时建于南宋绍兴年间。塔用砖砌筑而成，表面饰白灰浆，当地俗称"白塔"。白塔不高，但具有典型的宋塔特征，平面呈六边形，采用内外双套筒空心结构，具有较强的结构稳定性。内外筒之间是窄窄的通道，中有楼梯可登临其上。外观五层，逐层收分，增加结构稳定，形成古塔质朴健硕的外观。三层以下内筒空心，三层以上采用塔心柱，下端座于大梁上，上端直至塔刹下端，抵住塔刹宝顶。此做法隐隐保留有唐代楼阁式木塔中"塔心柱"艺术遗风，至今在日本奈良法隆寺五重塔中此工艺仍可见一斑。

　　2014年，由于受台风雨水影响，位于东侧安海镇的桥头砖塔瑞光塔第三、四层塔檐出现坍塌，并砸坏第二层塔檐。塌落的砖瓦散落在塔体下方，少量堆积在第一、二层塔檐上。石塔整体向南出现倾斜，出现了严重的文物险情。2014年，经国家文物局批复同意立项，开展瑞光塔的抢险维修工程。2015年，修缮方案通过福建省文物局批复，2016年，在晋江市博物馆及安海镇人民政府精心组织下，瑞光塔抢险维修工程顺利完成。在最小干预的原则下，坍塌的塔檐得到修复，潜在病害得到治理，瑞光塔完整的宋代风貌再次呈现在大众面前。

　　本书从历史研究、勘察、设计方案、结构加固、保护研究、工程特色等方面进行了详细归纳和总结。安平桥瑞光塔抢险维修项目在坚持最小干预、重点研究病害治理和风貌修复方面积累了丰富的资料，为后续同类工程的借鉴资料，经过研究整理将成果结集出版。

目录

研究篇

勘察篇

研究篇

第一章 综合概况

一、工程概况

瑞光塔为桥头塔，立于宋代古桥——安平桥（五里桥）东侧。又因位于安海镇的西岸，历史上又称"西塔"。瑞光塔与安平桥建造于同一时期，南宋绍兴二十二年（1152年）安平桥建成，乡人用造安平桥余资建造五层桥塔一座，立于东侧桥头。明清时期留下多次重修记录，明万历三十四年（1606年）重修后曾易名"文明塔"。该塔通高20.55米，为五层六角楼阁式砖石结构，内空心，有旋梯可上。清末，在外墙上涂白灰土，当地人俗称之为"白塔"。1961年3月，瑞光塔作为安平桥的附属建筑，一并列为全国重点文物保护单位。

瑞光塔在建成800多年中几乎未进行过大规模的维修，基本保持宋塔原状。2014年初，因安海镇连降暴雨，台风肆虐，加之宝塔周边开展大规模的城市建设影响，塔体出现严重险情，具体情况如下：

塔身出现倾斜；三层、四层塔檐塌落；塔身多处裂缝，内外墙面抹灰大面积脱落，砖墙裸露；塔檐及塔顶瓦面杂草丛生；全塔各层檐部及塔顶勾头、盖瓦、底瓦遭到不同程度的破坏和不当更换；塔基风化严重，并因受力不均，石材发生断裂，裂缝宽度达4厘米；木质塔心柱已严重糟朽，柱顶已与宝刹脱离，失去支撑宝刹的作用。

此外，通过历史调查可知，清末以来瑞光塔一直未进行过保养维修，甚至新中国成立后对安平桥的历次维修中也未考虑一并纳入修缮。百余年来瑞光塔受人为因素和自然因素的影响，在出现此次险情之前，塔体已经出现了比较严重的残损，对文物信息的真实性、完整性及其价值延续损害极大。

图 1-1-1 瑞光塔位置图

二、文物保护单位概况

名　　　称：安平桥（五里桥）

公布批次：第一批文物保护单位

所 在 地：福建省晋江市

属性类型：古建筑——桥梁

单位编号：1-0059-3-012

管理单位：泉州市文物管理所

安平桥，俗称五里桥，位于晋江市的安海镇，桥体横跨晋江、南安二市交界的海湾上，是我国历史上最著名的"跨海大桥"，五里长桥也是我国古代有记载的最长的石桥。安平桥于南宋绍兴八年（1138年）始建，历时十四年告成。历代有所修葺。现桥

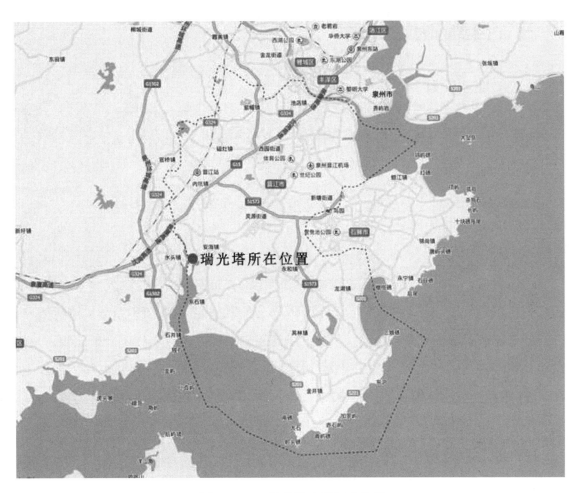

图 1-1-2 瑞光塔在晋江市位置

长 2255 米，桥面宽 3 米～3.8 米，以巨大石梁铺架，石梁最重达 25 吨。桥墩以条石砌成，或方形，或单边、双边船形。桥上筑水心亭、中亭、官亭、雨亭、楼亭等。另有护栏、石将军、狮子及蟾蜍栏杆等雕刻。两侧水中筑对称方石塔四座，圆塔一座。桥头建有五层六角空心白塔一座，高 20.55 米。宋、元时，此处为古泉州重要的海外交通要港。

根据《福建省人民政府关于公布全国重点文物保护单位和省级保护单位（第一批）保护范围的通知》（闽政〔1993〕综 218 号），安平桥保护范围规定如下：

文物保护范围：（安平桥）桥两侧各 35 米至堤岸，东至瑞光塔，西至海潮庵。

建设控制地带：南至公路（安水公路）北至古桥（安平桥）180 米范围内。在建设控制地带进行建设项目，应报文物行政管理部门审核，事先进行考古勘探和发掘，并按文物保护的需要严格控制建筑体量、高度、风格。

三、自然和社会环境

（一）地理位置

瑞光塔位于中国福建东南部晋江市境内，处于安海镇区内安平桥的东端。
地理坐标：北纬 24° 30′—25° 56′，东经 117° 25′—119° 05′。

（二）地质地貌

晋江市位于闽东南沿海大陆边缘坳陷变带中部，第四纪地层极为发育。岩性主要有二长花岗岩、花岗闪长岩和金黑云母花母岩。地质结构受东北新华系结构控制。

安海镇域为海积平原、冲洪积平原、沿海浸剥蚀滨海丘陵和红土台地地貌。地势由北向南倾斜，地形比较平缓，起伏不大，境内大小河沟广泛，海拔高程大多在 1.5 米 ~ 25 米，个别山峰高程大于 40 米。

（三）工程地质

安海镇域工程地质条件差异较大，老区红土台地地基承载力为 18 吨 / 平方米，埭田带为 5 吨 / 平方米，滩涂地为 3 吨 / 平方米，其他混合土壤地为 7 吨 / 平方米。地震烈度属 7 度区，地下水匮乏。

（四）气候

安海镇属南亚热带海洋性季风气候区，热量丰富，夏长无酷暑，冬短无严寒；日照充足，蒸发旺盛，水分欠缺；气候受季风影响明显，盛行风向随季节转换变化的规律很明显，夏季主导风向为西南风，冬季主导风向为东北风，年平均风速 3.3 米 / 秒，静风频率 10.15%。

安海镇年平均气温一般在 20 摄氏度 ~ 21 摄氏度之间。最冷月出现在 1 月份，月平均气温为 10.5 摄氏度 ~ 11.9 摄氏度；最热月在 7 月份，月平均气温为 27.5 摄氏度～29.4摄氏度。历年平均降水量为911毫米～12131毫米，多年平均降水量1200毫米。年降水量分配不均，雨季、旱季明显，年降水变差系数为0.26，属蒸发量大于降水量的干旱区。常年蒸发量远超过降水量，全年除5月～6月的蒸发量少于降水量外，其余各月蒸发量均大于降水量。年平均相对湿度为78%。全年平均日照约2100小时，日照率50%，全年无霜期达350天以上，光热资源非常丰富。大于6级风日数为32天，热带风暴和台风出现在7月～9月，全年2次～3次。灾害性天气主要有台风、暴雨、干旱。

（五）社会环境

安海镇位于晋江市市境西南濒海地方，古称为"安平"镇，是我国历史上著名的古镇之一，宋元以来为泉州海外交通要港之一。

安海因地处"九十九曲"的石井江之滨，汉代称为"湾海"。宋开宝年间（968年～975年），唐名臣安金藏之后安连济居此，因易"湾"为"安"。宋为安海市，东称旧市，西称新市，属开建乡修仁里。州官遣吏在此设卡榷税，号石井津。建炎四年（1130年）创石井镇。元、明、清属八都。明为安平镇。嘉靖（1522年～1566年）后逐渐成为中国东南沿海私商国际贸易的中心港口。至清代，由于受"迁界"打击，才逐渐衰落。民国八年至九年（1919年～1920年），许卓然率领靖国军一度据此自立"安海县"。民国二十九年设安平镇，民国三十三年改为安海镇。1951年为第十三区；1958年属安海人民公社；1965年1月恢复安海镇；1970年7月，安海镇、社合并为安海公社；1980年8月恢复安海镇建制；1985年5月，安海乡并入安海镇。

该镇水陆交通方便，水路可抵厦门、汕头等地，陆上有全省第一条侨办公路——泉（州）安（海）公路。

（六）人文

安海镇历史悠久，为福建省三大名镇之一。历代先贤辈出，孕育过许多著名的历史人物，如宋朝被封为开国侯的军事家高惠连[①]，明朝的文学家王慎中[②]、著名学者黄虞稷[③]等。

四、历史沿革

瑞光塔于南宋绍兴二十二年（1152 年）建成，据记载乡人用造安平桥余资建造，明清时多次维修，明万历三十四年（1606 年）维修后曾易名"文明塔"。1961 年 3 月份安平桥列为全国重点文物保护单位，瑞光塔属于安平桥的附属建筑。

晋江县志道光本：《卷之十二·古迹志【坊宅附】》中记载：

安平西塔在八都。宋绍兴二十二年，曾生、李廿五娘造砖塔于西桥头，名曰瑞光塔。五层六角，旁各有门。高八丈，周围四丈八尺，径阔三丈馀。明万历三十四年，太傅黄汝良[④]重修，易名为文明塔。国朝康熙五十八年己亥重修。嘉庆十二年丁卯黄元礼、施继辉等重修。按《安平纪略》载：明嘉靖九年，岁次庚寅，里人就塔上燃灯，辛卯黄国宠、柯实卿、林大任中。壬辰，实卿联捷进士。万历十八年庚寅燃灯，辛卯黄志清登解，陈廷一同榜。国朝康熙四十九年庚寅燃灯，辛卯柯国乔、蔡增勤中。道光十年庚寅黄元礼、柯琮璜复燃灯。又自明迄今，每次重修，是科皆有登榜者。万历三十四年重修，是年李拯中。国朝康熙己亥重修，庚子黄元锺登武解。嘉庆丁卯重修，戊辰施继源中。斯塔也，不诚瑞光文明也哉！"

"安平东塔在八都。宋绍兴二十四年，转运使高连惠以高仕舍地七亩，造砖塔于东洋桥头，名曰龙兴塔。明万历三十四年，黄陈二氏重修。国朝康熙三十四年五月初六

---

① 高惠连，宋太祖开宝五年（972 年）生。自幼才学过人，学富识广，与师友论言语，析理精辟明快，邑人服之。熙宁二年（1069 年），北宋著名改革家王安石在为惠连撰写的墓志铭中称："……泉为多士，或以为兴学之所致也，士者德之……。"

② 王慎中（1509 年～1559 年），字道思。明代诗人、散文家，嘉靖八才子之首，为明朝反复古风的代表人物之一。

③ 黄虞稷（1629 年～1691 年），除著有《千顷堂书目》外，还参加了《明史》《大清一统志》的编写。

④ 黄汝良（1554 年～1647 年），字名起。据记载是他提倡修塔一事，在倡议书中，他写道："宝刹凌霄，硕递经乎岁时，渐剥蚀于风雨……"他还立下了乡规：但凡农历庚寅年，在科场中金榜题名的读书人都登上高高的砖塔，结彩点灯。据《安海志》中记载，自明嘉靖九年（1530 年）至清道光十年（1830 年），有 14 名科举及第者登上了瑞光塔，点亮了四周的大红灯笼。

日辰时大雨，塔坏。"

道光七年（1827年），"安平西塔雷震击，塔葫芦坏"。

新中国成立后，每逢庆典，于安平桥的码头处辄张灯结彩，瑞光塔也成为"文明""昇平"的象征。

1961年3月瑞光塔作为安平桥的附属建筑，一并列为全国重点文物保护单位。

1988年重新粉刷塔体，重新抹灰。

1988年至今未再进行维修。

第二章　瑞光塔形制

一、瑞光塔基本形制

泉州是一个移民城市，既深深烙下中原文化影响的痕迹，又具有比较鲜明、典型的地域特色。泉州地区的古塔类型较多，基本上是由佛塔演变而来，建筑工艺始终受到当地文化、地理气候以及当时技术条件的影响和制约。

泉州地区自唐代以来，各朝代都有建塔的记载，可见此地建塔习俗历史久远。由于早期的塔几乎都是木塔，皆已不存，目前留存的古塔主要为砖塔、石塔，大部分建于宋元以后。

瑞光塔建于南宋绍兴二十二年（1152年）。

按其颜色白而推测，可能一则为了尊仰金刚界五智如来而建，二则为了借金刚界五智如来[①]的高超法术来镇压五里长桥下的水魔鬼怪而建，即镇桥塔。

瑞光塔，既是佛塔，又是安平桥的桥头堡，平时也可作为船舶出入的航标，见证了南宋以来安海古镇的繁华。据《西塔记》中记载，南宋绍兴二十二年九月十一日，安海人曾生、李五娘在白塔的葫芦刹内装置铜观音、长剑、花簪、银钩耳等7件，以祈求子孙安宁；尔后，人们又在葫芦刹增置玉观音、金达摩、琥珀戒指、镀金瑞象等14件，用来镇塔。

瑞光塔为仿木楼阁式砖塔，楼阁式塔是我国佛塔中的主流。尤其是南北朝至唐宋，是我国楼阁式塔的盛期。现存实例中，以宋代遗构居多，元代以后渐少。

瑞光塔为砖石仿木空心楼阁式建筑，具有楼阁式塔的台基、基座，转角立柱、额枋、铺作斗拱等构件。室内有固定的楼梯拾级而上，可登高远眺，饱览安平桥"玉龙

---

① 金刚界五智如来，出自密教金刚乘教义。

图 1-2-1 瑞光塔

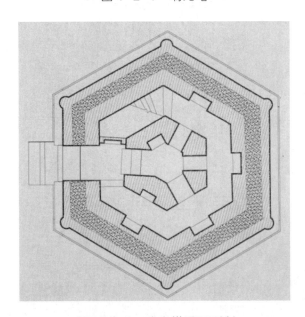

图 1-2-2 瑞光塔平面形制

千尺天投虹"的雄姿和海天茫茫的壮丽景色。但今日在安平桥头的住宅开发，周围高楼林立，古塔湮没在高大密集的楼群中，显得狭小局促，破坏了安平桥头的历史环境，瑞光塔已难再现昔时壮丽景色了。

（一）平面与结构

唐以前的古塔多都是方形，从五代起八角形渐多，宋以后六角形古塔逐渐多了起来。泉州古塔多为六角形、八角形。

瑞光塔的平面呈六角形，为双套筒式砖砌体结构，分为塔外壁、回廊、塔心壁、塔心室，塔外壁边长约 3.7 米，厚度约 1.3 米，回廊宽约 0.8 米，塔心壁边长约 1.5 米，厚约 0.7 米。塔的外壁倾斜角度平缓，利于抵抗台风，塔体各层向里层层收分，上下

图 1-2-3　瑞光塔西立面

相叠，结构受力稳定。回廊内有盘旋梯道，一层台阶为 11 步，其他层台阶为 13 步。塔外壁六个转角处各有个半圆形倚柱，倚柱随塔身收分，倚柱采用顺砖砌筑，将砖料切割磨制成弧形上下顺砌成柱身，层层垒砌而成。

塔内外两层筒壁之间已用砖拱券，使塔的外筒壁与内筒壁上下连为一体，从而加强了塔身整体的坚固性，具有良好的抗震性能。

瑞光塔各层门洞开设位置设计巧妙。有对称式、旋转式、交替式，实心洞和空心洞上下层交错布置，但平面上又保持对称，巧妙地处理了门洞位置的开设与塔体结构安全可靠性的矛盾，反映古人建塔成熟的经验积累。尽可能减小了由于门洞的开设而影响塔体不均匀荷载，同时也满足了塔体立面造型的艺术需要。

（二）基座

塔基是塔的底部基础，保证塔身的稳定。我国早期的塔基较矮，造型简单。唐代以后，塔基才逐渐高大复杂起来，多以须弥座[①]为塔基。

瑞光塔为宋代楼阁式塔，其塔基为花岗岩砌筑的须弥座。塔基边长约 4 米，高度约 0.95 米，造型朴素，束腰刻壸门[②]图案，各拐角处设有一尊石浮雕力士承托，力士造型各异，赤足袒胸，反剪着双手跪着，头顶基座上檐，表情极为生动。这种雕饰给人以很有力量的感觉，而且视觉上呈现出一种向上的支撑力，与塔体向下的重力感持衡，达到了两个力量相互保持的视觉心理平衡。

（三）塔身与塔檐

瑞光塔采用五层塔身，第一层塔身上施铺作，左右相连以额枋以承塔檐，塔檐上承托二层塔身。

塔体每层均设有六面塔檐。各层出檐采用砖叠涩出挑，柱头转角及补间位置处刻

---

① 须弥座，又称"金刚座"，是中国古代建筑基座的一种，名称源于佛教须弥山，象征西方极乐世界，有独尊与稳固之意。

② 壸门，在宋代李诫所编的《营造法式》中写作"壸门"，是一种佛教建筑中门的型制，也是一种镂空的装饰样式。

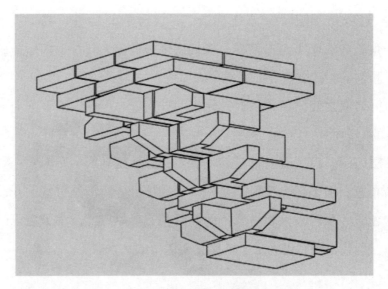

图 1-2-4　瑞光塔补间铺作组合图

出砖砌斗拱铺作，层层出挑，表面粉饰朴实无华。

塔身六面各自分成一间，在转角处用砖磨砌成立柱，中间开拱形门洞或佛龛，柱头上方雕刻仰莲，上承砖叠涩斗拱，体现了宋代石塔采用仿木结构的表现手法。

从外立面整体来看，塔身截面尺寸由下至上逐层递减收分，塔身呈自然缓和的锥形体，不仅从建筑艺术上感到秀丽舒畅，从结构上更增强了稳定性。这种规则而又稳定的特点，不仅减少了地震的扭转效应，而且使结构的层间抗力与地震作用力相协调，避免了中下部形成薄弱层的不利情况。

从整体外观上看，瑞光塔体现出宋代成熟的仿木结构的古塔建造技艺。既体现了北方塔粗狂厚重的审美情调，又融入南方塔清丽纤秀的地域特色。

（四）铺作形制

如前所言，瑞光塔仅是在外观造型上尽力模仿宋代的木构楼阁建筑，内部结构仍是砖砌体结构，檐下突出的斗拱均是由不同规格的砖层层叠涩出挑形成。

瑞光塔的檐下斗拱分为柱头（转角）铺作和补间铺作。每朵铺作都是采用不同规格的红砖相互组合，形成的木构斗拱外观。反映出当时建造者，采用不同规格类型的黏土砖，经过精心设计，独特烧制建造而成。

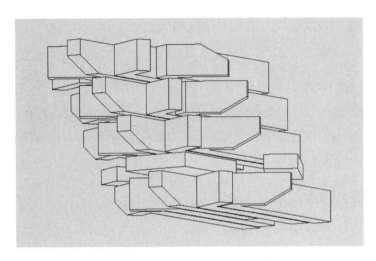

图 1-2-5　瑞光塔转角铺作组合图

（五）塔刹及塔杆

古塔都有塔刹，所谓是"无塔不刹"。瑞光塔塔刹位于塔顶最高处，由刹座、刹身、刹顶和刹杆组成。

泉州古塔主要受到汉传佛教的影响，塔刹大部分是宝葫芦式。此类塔刹为三界葫

图 1-2-6　瑞光塔葫芦宝刹

芦式，象征天、地、人或状元、解元、会元三元。

刹杆多用木、铁制成，纵贯全刹，直入塔身，以增加其稳定程度。瑞光塔塔刹座位于塔身之上，上承宝葫芦刹身，为须弥座形、仰莲瓣形、素平台座，巨型葫芦，指向天空，给人以敦厚稳重的视觉感受。塔心室内有刹杆，由位于第三层的木梁承托，木梁端头砌于墙体内。

二、建筑材料

瑞光塔除须弥基座为花岗岩石砌外，其余全部采用红砖砌体材料，黏结材料为红土灰浆或蛎灰^①浆。

红砖

泉州建筑多以红砖为主要材料，是当地建筑文化的一大特色，有学者认为红砖建

图 1-2-7　瑞光塔使用的红砖、粘结材料

---

① 蛎灰，海生动物蛎、蠔之类的外壳烧制成的灰，闽南多用蛎灰代替白灰，据检测蛎灰质量要超过白灰。

图 1-2-8　瑞光塔墙体砌筑方式

筑与海洋文化①有关。

从考古发现证实泉州地区出土的红砖最早可追溯至晋朝，也有唐贞观至宋徽宗（1100 年～ 1125 年）年代的红砖出土，但均为墓穴用砖。瑞光塔是在南宋绍兴二十二年（1152 年）建造，从现场勘察可知，此时期红砖的烧制工艺已趋于成熟，瑞光塔内部对红砖的使用，反映了泉州宋代时期，闽南地区对红砖的使用已经普遍。

塔身红砖的形制规格各不同，以满足具体部位和造型需要而进行烧制，出现了扇形砖、拐角砖等各种异型砖，几乎没有砍磨的痕迹，只在背面有沟纹；红砖呈长方形，尺寸较大，其中两种普通条砖规格为 430 毫米 × 150 毫米 × 77 毫米、300 毫米 × 105 毫米 × 50 毫米，长宽厚比例与近代条砖 4∶2∶1 的规格相比较，明显此种砖比较长。

红砖的砌筑方式从抹灰剥落处可见多为顺砌，少部分用陡砌，用砖规格不单一，砖缝多不规整，出现上下层砖块对缝的情况。

①　海洋文化，就是和海洋有关的文化；就是缘于海洋而生成的文化，也即人类对海洋本身的认识、利用和因有海洋而创造出来的精神的、行为的、社会的和物质的文明生活内涵。

瑞光塔塔身拱券很明显用的单层券砖，塔内筒拱跨度为0.8米左右，券顶的矢跨比较小，形式也不同。

红瓦

塔檐采用当地特色的红瓦。有考古结论指出闽南发现最早的用于地表建筑的红色瓦当是明代晚期，瓦当在当地传统建筑断代方面有着不可替代的作用[1]。瑞光塔现状使用的是红色瓦当，且瓦面瓦当图案杂乱，反映出塔檐部分是经过明清后期陆续维修更换而成的现状，非宋代原样。

图 1-2-9　瑞光塔塔檐上的板、筒瓦

花岗岩

泉州作为石材产地，就地取材，花岗岩是应用较广的一种建筑材料。

花岗岩抗压强度高、稳定性好。瑞光塔的须弥座为宋代原物，塔基使用花岗岩，但现状风化严重。

---

① 来自王治君论文《基于陆路文明与海洋文化双重影响下的闽南"红砖厝"——红砖之源考》。

三、价值评估

（一）文物价值

瑞光塔作为泉州古代社会和生产劳动的实物遗存，是全国重点文物保护单位安平桥重要的附属建筑，具有突出的历史、艺术与科学价值。

（二）历史价值

瑞光塔作为全国重点文物保护单位安平桥的桥头塔，与桥属于同一时代，建于南宋绍兴二十二年（1152年）年，距今近1000年，具有重要历史价值。

瑞光塔历史悠久，整体上依然保持宋代初建时风貌，是泉州古代港口的重要历史见证。

瑞光塔为研究南宋时期的建筑技术、艺术提供了可靠的实物例证，具有很高的建筑历史研究价值。

瑞光塔犹如一部史书，记录着宋代泉州政治、经济、文化的发展水平，成为现代人研究历史的重要实物资料。

（三）艺术价值

1. 瑞光塔艺术价值不仅表现在塔体造型艺术，更突出地体现在塔体砖砌体的仿木构艺术和石雕艺术方面，具有较高的艺术价值。

2. 瑞光塔外形采用仿木结构，用砖砌成常用的结构形式，如拱券、铺作、柱子等。外观层层收分，比例协调，宝塔既显富丽、又给人感觉稳重、庄严，具有很强的艺术效果。

3. 瑞光塔塔基浮雕的存在，体现了泉州早期的雕刻工艺水平，体现了泉州古代劳动人民的创造力与智慧，具有极高的艺术价值。

（四）科学价值

瑞光塔的科学价值，着重体现在其高度的建筑技术、丰富的建筑材料、巧妙的建筑结构以及由此形成的强固的抗震性能等方面。

瑞光塔在结构形式和材料运用方面，与其他地区同时期的砖塔相比具有独到之处，对研究当时科学技术发展水平具有重要参考价值。

（五）社会价值

瑞光塔（安平桥）是新中国成立后首批公布的全国重点文物保护单位，也是泉州八景之一，是全市旅游发展重点之一。

勘察篇

第一章　现状勘察

一、勘察与测量方法

（一）勘察方法

1. 定编号

瑞光塔为六角形双套筒砖塔，在勘察测绘工作中为区分每个墙面，对每层每个面进行编号，分别记录塔各个部位的现状，避免遗漏。设计施工时均应"按号索骥"，便于指导工程设计和施工。

2. 常规检测

在现场通过观察，从散落的砖样中挑取基本完整的式样，现场取样记录砖塔结构的几何参数、材料构成、结构构造和结构损伤等信息。

（二）测量方法

为确保人身安全和数据的准确性，对砖石古塔的勘测主要采取了人工测量与仪器测量相结合的方法。首先，结构整体及外部尺寸等以仪器测量为主，内部及附属构件尺寸以人工测量为主，但在外部通视条件受限制或附属构件难于用人工方法测量的情况下，需要两者互相补校。

为了解决瑞光塔缺少图纸资料的问题，并为以后长期监测该塔的沉降和倾斜变化提供详细的基础数据，我们对瑞光塔进行了精确的数字化测绘。采用了三维激光扫描仪^①对塔体进行扫描，后期用 Revit、Auto CAD 等软件，制作了该塔准确的参数化三维立体模型，绘制了详尽的局部大样数字图。这种测绘技术同传统测量方法相比较大幅度减少了外业工作量、危险性、测绘周期和人为误差，且未影响古塔的整体面貌。

在进行测绘时使用了市政更换路灯用的升降车代替了脚手架，既达到了足够的高度，又提高了速度、降低了费用。

三维激光扫描仪的使用，存在以下优点：

外业工作量相对较小，实施简单。

利用激光扫描技术可以详细记录瑞光塔的外形和表面纹理信息。

记录瑞光塔的三维信息作为瑞光塔的历史资料。

可以将瑞光塔整体模型构建出来，通过定期对比模型的方法来全方位地反映瑞光塔各处的形变。

图 2-1-1　瑞光塔点云图三层四层塔檐

---

①　三维激光扫描的工作原理是以激光测距技术为基础，以逐点测距的方式对扫描对象表面的空间坐标进行密集抽样采集以获得海量点云，从而模拟扫描对象的三维空间形态。

图 2-1-2 瑞光塔点云图一层二层塔檐

图 2-1-3 瑞光塔点云图

图 2-1-4 瑞光塔参数化（Revit）一层结构

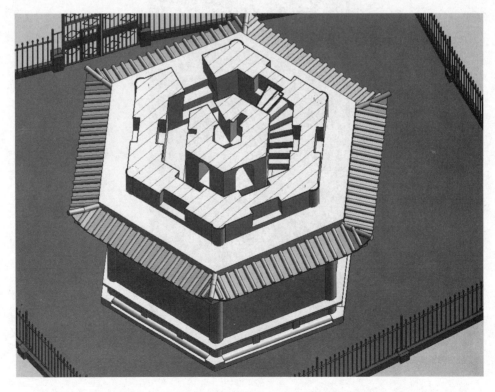

图 2-1-5 瑞光塔参数化（Revit）二层结构

图 2-1-6　瑞光塔参数化（Revit）剖面结构

图 2-1-7　瑞光塔参数化（Revit）模型立面

二、文物本体现状及残损分析

（一）文物本体现状综述

2014 年上半年，因晋江安海地区连降暴雨，塔的四层檐部出现垮塌，同时压坏二、三层的塔檐，出现严重险情。事后经勘察，瑞光塔塔身已经向东南方向出现倾斜；三层、四层塔檐塌落，并砸坏二层和一层塔檐，内部砖体完全裸露，惨不忍睹；此外，塔身上下多处出现裂缝，墙面抹灰大面积脱落、震落。墙体完全裸露；塔檐及塔顶瓦面杂草丛生；全塔各层檐部及塔顶勾头、盖瓦、底瓦遭到不同程度的破坏和不当更换；花岗岩的塔基风化严重，并因受力不均，部分石材发生断裂，宽度达 4 厘米；因后期不当修缮，楼梯台阶及各层平座现均为水泥砂浆抹面；木质塔心柱已严重糟朽，柱顶已与宝刹脱离，失去稳固宝刹的作用。

瑞光塔历经八百多年，立于桥头地带，现文物本体的主体出现严重险情安全受到威胁。近些年雨水量加大，台风侵扰，为确保瑞光塔的安全，抢险加固工作刻不容缓。

（二）文物本体现状残损主要原因分析

瑞光塔残损的原因主要为建筑的自然老化、年久失修、自然灾害侵袭、人为因素破坏和院落排水不畅等。

1. 自然老化、年久失修

从相关的历史记载中可以看出，自清康熙年间进行维修后，瑞光塔再未进行过大的修缮。塔体常年受风雨侵蚀，自然老化程度逐年加剧，现瓦面杂草丛生，瓦件松动、脱落，塔体檐部局部坍塌，墙体开裂，塔基不均匀沉降、塔身倾斜。

2. 自然灾害侵袭

由于泉州地处东南沿海城市，地震烈度 7 度区，常年受到暴雨、台风的洗礼，近几十年又不断遭受城市建设不断扩张，地基震动，以及工业大气污染，瑞光塔各种残损病害加剧明显。

3. 人为因素破坏

新中国成立以来至今未进行整体维修。

图 2-1-8 瑞光塔周边环境（一）

图 2-1-9 瑞光塔周边环境（二）

　　自 2010 年以后，安海镇大规模开发房地产建设，特别是 2014 年初在瑞光塔附近开始了大规模的拆迁建设，瑞光塔附近数十栋高楼拔地而起，新建有多达 60 层的商业居住综合体，这些高层建筑、超高层建筑等，对桥头地基的开挖改造的规模也十分巨大。风格各异的建筑群将古代的瑞光塔淹没其中。此外，紧邻瑞光塔西侧新建道路不断扩宽，往来车辆数量众多，噪声和震动对塔体均有不利影响。

院落排水不畅

瑞光塔院内未设排水系统，地面排水不畅，不利于水分的自然蒸发，使雨水经过毛细作用渗透至塔基内，造成地基软化，塔基脆化，塔身倾斜。

自身缺陷

顶层塔檐多处开裂，杂草丛生，暴雨季节，上方雨水可以直接灌入塔内，造成塔内常年阴湿。

（三）文物本体残损现状与分析

1. 塔基

残损现状：塔基为花岗岩石材砌筑；表面风化严重，浮雕图案不清晰；石材多处断裂，宽度达 4 厘米；石材裂缝处现为水泥砂浆进行勾缝；局部有砺灰砂浆封护石材

图 2-1-10 塔基残损现状

表面；石材阴暗潮湿，局部发黑；入口台阶发生位移，水泥砂浆不当勾缝加固。

残损分析：塔常年受到海风、台风的威胁，近几十年又不断遭受工业震动，大气污染等影响，石材表面风化、污染严重；地基不均匀沉降造成石材的断裂；人为不当修缮，文物保护意识淡薄；年久失修，使用不当造成台阶发生位移。

2. 塔内地面

残损现状：红色地砖 290 毫米 × 290 毫米 × 18 毫米，对缝铺装，缝宽 30；后期铺砖地面，具体时间不详；一层入口地面为水泥地面；地面灰土覆盖，废弃物堆积。

残损分析：砖塔年久失修，使用不当，原有地面受到破坏；后期不当地面维修，文物保护理念淡薄；管理不当，砖塔常年封闭，无人保养砖塔。

图 2-1-11　塔内地面残损现状

3. 塔身

残损现状：红砖砌筑墙体，蛎灰抹面；塔身向南倾斜；外墙面抹灰局部开裂；外墙面抹灰大面积脱落，裸露砖体，酥碱风化严重；三、四、五层塔檐抹灰发黑；外墙面上布满铁钉；内墙面乱刻乱画现象严重，墙面抹灰局部脱落，裸露砖体。

残损分析：地基不均匀沉降：塔处于海滩地带，塔基础由于年久地下水位的变化，和周边道路、房屋的建设，使基础承载力发生不均匀变化，导致塔体歪斜；雨水侵蚀：

塔因年久失修，漏雨严重，雨水渗入墙体内，导致抹灰产生裂缝、空鼓、脱落；人为破坏：白塔有"点灯"的习俗，每逢重要节日，白塔就会张灯结彩，人为地在墙体上楔入铁钉，以便挂彩旗。

备注：一层墙体为中部碎砖、瓦填芯，两侧整砖糙砌；其余各层墙体形式未知。

图 2-1-12 塔身残损现状（一）

图 2-1-13 塔身残损现状（二）

4. 塔刹

残损现状：砖砌宝葫芦，蛎灰抹面；外表面抹灰发黑；外表面抹灰产生裂缝、空鼓。

残损分析：受自然因素的侵蚀，塔刹表面抹灰破坏。

图 2-1-14　塔刹残损现状

5. 塔檐

残损现状：檐子为多层直檐，即叠涩出檐；檐下砖铺作挑出；三层、四层塔檐塌落；砖铺作缺失、损坏 6 攒。

图 2-1-15　塔檐残损现状

残损分析：塔檐由于依靠砖体层层出挑、年代久远，砖缝灰黏结力降低而损坏，相互之间的支持约束差；瓦面受损，雨水侵蚀，砖体强度降低。

6. 瓦面

残损现状：红色筒板瓦瓦面；四层、五层瓦面杂草丛生；塔檐塌落，瓦件缺失；历经多次维修，瓦件规格、样式不统一；局部勾头损坏。

残损分析：瓦垄中间和瓦缝内，年久脱灰、积土，开始生长杂草，草根穿破苦背层，破坏了瓦顶防护层的完整性；塔体歪斜，连带瓦顶出现裂缝，出现漏雨现象；后期维修施工质量差，瓦垄不密实而发生漏雨。

图 2-1-16　瓦面残损现状

7. 塔心柱

残损现状：三层至五层塔心室竖立一根塔心柱；塔心柱（杉木）受白蚁侵害严重，木材表面呈层片状破坏，糟朽。

残损分析：塔心室阴暗潮湿、通风不畅，塔心柱糟朽严重，推测木柱内部已经被白蚁蛀空。待取下检查。

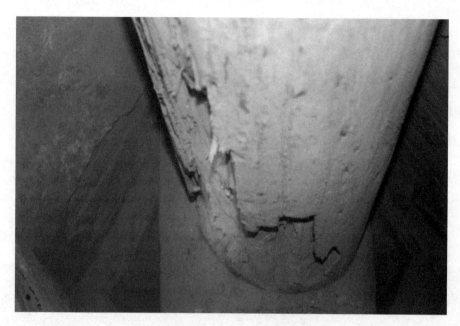

图 2-1-17　塔心柱残损现状

8. 院落

残损现状：现院落地面为卵石地面；塔体由铁艺围栏进行围护；现院落堆积残砖、碎瓦；院落围栏周边存积雨水；铁艺围栏内杂草丛生，有碍景观。

残损分析：塔檐坍塌，造成院落堆积残砖、碎砖；院落周边路面、地面高于院落卵石地面，院内无排水系统，造成雨水聚集；瑞光塔常年封闭，无人管理。

图 2-1-18　院落残损现状

（四）文物本体现状残损照片

1. 塔顶西立面：塔刹外抹灰层开裂，表面抹灰污染严重；瓦面杂草丛生。

图 2-1-19 塔顶西立面残损现状

2. 塔顶西南立面：塔刹外抹灰层开裂，表面抹灰污染严重；瓦面杂草丛生。

图 2-1-20 塔顶西南立面残损现状

3. 五层西立面：角部檐口抹灰脱落约 0.3 平方米；塔檐抹灰污染严重；墙面多处
   铁钉，为后期不当措施，对墙体造成破坏。

图 2-1-21　五层西立面残损现状

4. 五层西南立面：檐部抹灰开裂长 1 米，污染严重；右侧翼角抹灰脱落、开裂约
   0.2 平方米；墙面多处铁钉，为后期不当措施，对墙体造成破坏；墙面抹灰有明
   显后期修补痕迹约 0.3 平方米。

图 2-1-22　五层西南立面残损现状

5. 四层西立面：瓦面全部被杂草覆盖；瓦面排水不畅，造成塔檐抹灰开裂，长约
  1.5 米；墙面多处铁钉，为后期不当措施，对墙体造成破坏。

图 2-1-23　四层西立面残损现状

6. 四层西南立面：瓦面全部被杂草覆盖，角部檐口抹灰开裂约 0.3 米；墙面多处铁
  钉，为后期不当措施，对墙体造成破坏；墙体沿壶门右壁开裂，裂缝长 1.5 米，
  宽 10 毫米。

图 2-1-24　四层西南立面残损现状

7. 三层西立面：墙面多处铁钉，为后期不当措施，对墙体造成破坏。

图 2-1-25 三层西立面残损现状

8. 三层西南立面：瓦面局部筒瓦脱节，有一块勾头碎裂；墙面多处铁钉，为后期
不当措施，对墙体造成破坏；墙面抹灰脱落约 1 平方米，砖体裸露。

图 2-1-26 三层西南立面残损现状

9. 二层西立面：壶门拱券上方抹灰开裂长 0.5 米，局部抹灰脱落；墙面多处铁钉，为后期不当措施，对墙体造成破坏。

图 2-1-27 二层西立面残损现状

10. 二层西南立面：墙面多处铁钉，为后期不当措施，对墙体造成破坏。

图 2-1-28 二层西南立面残损现状

11. 一层西立面：瓦面有一块勾头碎裂，局部筒瓦脱节，瓦垄两腮睁眼上长满苔藓，板瓦风化严重；墙面多处铁钉，为后期不当措施，对墙体造成破坏；此立面须弥座石材开裂五处，裂缝宽30毫米，现用水泥砂浆勾缝；石材表面风化严重，浮雕图案不清晰。

图 2-1-29　一层西立面残损现状

12. 一层西南立面：瓦面有15块板瓦破损、缺失，局部筒瓦脱节；墙面多处铁钉，为后期不当措施对墙体造成破坏；此立面须弥座石材开裂五处，裂缝宽30毫米，现用水泥砂浆勾缝；石材表面风化严重，浮雕图案不清晰。

图 2-1-30　一层西南立面残损现状

13. 塔顶东南立面：塔刹外抹灰层开裂，表面抹灰污染严重；瓦面杂草丛生。

图 2-1-31　塔顶东南立面残损现状

14. 塔顶东立面：塔刹外抹灰层开裂，表面抹灰污染严重；瓦面杂草丛生。

图 2-1-32　塔顶东立面残损现状

15. 五层东南立面：角部檐口抹灰脱落约 0.3 平方米；檐口两块勾头塌落；墙面抹灰开裂长 1 米；墙面多处铁钉，为后期不当措施，对墙体造成破坏；墙面抹灰开裂长 0.5 米；砖倚柱柱根抹灰开裂长 0.8 米。

图 2-1-33　五层东南立面残损现状

16. 五层东立面：檐口一块勾头塌落，一块板瓦碎裂；角部檐口抹灰脱落，开裂约 0.2 平方米；墙面抹灰有明显修补痕迹约 0.6 平方米；墙面多处铁钉，为后期不当措施，对墙体造成破坏。

图 2-1-34　五层东立面残损现状

17. 四层东南立面：瓦面全部被杂草覆盖；瓦面排水不畅，造成塔檐抹灰发黑，局部抹灰脱落；墙面多处铁钉，为后期不当措施，对墙体造成破坏；墙面抹灰脱落约0.5平方米，砖倚柱柱根开裂，长0.6米，宽20米。

图 2-1-35　四层东南立面残损现状

18. 四层东立面：瓦面全部被杂草覆盖；瓦面漏雨严重，造成塔檐抹灰污染严重；墙面多处铁钉，为后期不当措施，对墙体造成破坏；壶门墙体开裂长0.5米，宽10毫米；墙面抹灰脱落共约2.5平方米，砖倚柱柱根开裂，长0.6米，宽20毫米。

图 2-1-36　四层东立面残损现状

19. 三层东南立面：墙面多处铁钉，为后期不当措施，对墙体造成破坏；墙面抹灰脱落约 1 平方米，砖体裸露。

图 2-1-37　三层东南立面残损现状

20. 三层东立面：角部檐口瓦面全部塌落；瓦面局部筒瓦脱节，勾头、板瓦各损坏一块；墙面多处铁钉，为后期不当措施，对墙体造成破坏。

图 2-1-38　三层东立面残损现状

21. 二层东南立面：墙面多处铁钉，为后期不当措施，对墙体造成破坏。

图 2-1-39　二层东南立面残损现状

22. 二层东立面：角部檐口瓦面全部塌落；墙面多处铁钉，为后期不当措施，对墙体造成破坏；后期不当开凿窗口，装设窗框。

图 2-1-40　二层东立面残损现状

23. 一层东南立面：檐口一块瓦头缺损 1/2，一块筒瓦碎裂；此立面须弥座石材开裂六处，裂缝宽 30 毫米，现用水泥砂浆勾缝；石材表面风化严重，浮雕图案不清晰。

图 2-1-41　一层东南立面残损现状

24. 一层东立面：檐口缺失勾头三块，碎裂板瓦四块、筒瓦两块；人为破坏墙面抹灰约 0.5 平方米；此立面须弥座石材开裂七处，裂缝宽 30 毫米，现用水泥砂浆勾缝；石材表面风化严重，浮雕图案不清晰。

图 2-1-42　一层东立面残损现状

25. 塔顶东北立面：塔刹外抹灰层开裂，表面抹灰污染严重；瓦面杂草丛生。

图 2-1-43 塔顶东北立面残损现状

26. 塔顶西北立面：塔刹外抹灰层开裂，表面抹灰污染严重；瓦面杂草丛生。

图 2-1-44 塔顶西北立面残损现状

27. 五层东北立面：墙面多处铁钉，为后期不当措施，对墙体造成破坏。

图 2-1-45　五层东北立面残损现状

28. 五层西北立面：塔檐抹灰污染严重，抹灰开裂长 1.5 米；墙面多处铁钉，为后期不当措施，对墙体造成破坏；墙面抹灰脱落约 1 平方米，砖体裸露。

图 2-1-46　五层西北立面残损现状

29. 四层东北立面：塔檐大面积坍塌，坍塌占此坡面的 2/3；剩余瓦面被杂草覆盖；墙面抹灰全部脱落约 5 平方米，砖体裸露。

图 2-1-47　四层东北立面残损现状

30. 四层西北立面：角部檐口瓦面塌落，剩余瓦面被杂草覆盖；塔檐抹灰污染严重，局部抹灰脱落；墙面抹灰脱落约 2 平方米，砖体裸露。

图 2-1-48　四层西北立面残损现状

31. 三层东北立面：塔檐大面积坍塌占此坡面的 2/3；墙面多处铁钉，为后期不当措施，对墙体造成破坏；墙面抹灰脱落约 1 平方米，砖体裸露。

图 2-1-49　三层东北立面残损现状

32. 三层西北立面：角部檐口瓦面塌落，剩余瓦面被杂草覆盖；墙面多处铁钉，为后期不当措施，对墙体造成破坏。

图 2-1-50　三层西北立面残损现状

33. 二层东北立面：檐头瓦面损坏 1/2，瓦面上堆积碎砖瓦；墙面多处铁钉，为后期不当措施，对墙体造成破坏。

图 2-1-51 二层东北立面残损现状

34. 二层西北立面：角部檐口瓦面塌落；墙面多处铁钉，为后期不当措施，对墙体造成破坏。

图 2-1-52 二层西北立面残损现状

35. 一层东北立面：檐头瓦面损坏 1/2，瓦面上堆积碎砖瓦，生长杂草；此立面须弥座石材开裂六处，裂缝宽 30 毫米，现用水泥砂浆勾缝；石材表面风化严重，浮雕图案不清晰。

图 2-1-53　一层东北立面残损现状

36. 一层西北立面：瓦面局部筒瓦脱节，勾头损坏一块；此立面须弥座石材开裂六处，裂缝宽 30 毫米，现用水泥砂浆勾缝；石材表面风化严重，浮雕图案不清晰。

图 2-1-54　一层西北立面残损现状

（五）瑞光塔塔内残损现状

图 2-1-55 一层墙根抹灰脱落、缺失约 0.5 平方米

图 2-1-56 一层地面堆积顶部坍塌下的
抹灰及抹灰基层（一）

图 2-1-57 一层地面堆积顶部坍塌下的
抹灰及抹灰基层（二）

图 2-1-58　一层回廊内有盘旋梯道（一）　图 2-1-59　一层回廊内有盘旋梯道（二）

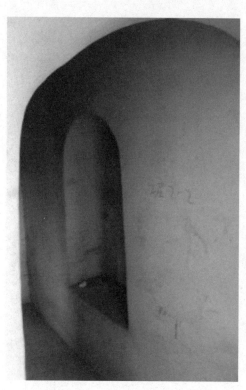 

图 2-1-60　二层墙面抹灰空鼓（一）　图 2-1-61　二层墙面抹灰空鼓（二）

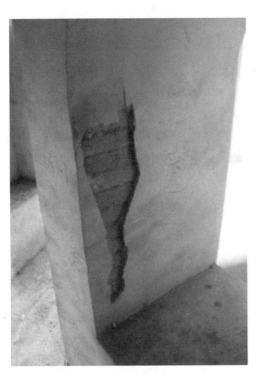
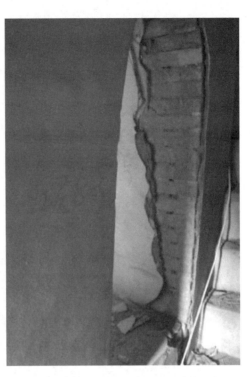

图 2-1-62　二层手墙面抹灰缺失，裸露内部清水砖面（一）　　图 2-1-63　二层手墙面抹灰缺失，裸露内部清水砖面（二）

图 2-1-64　二层回廊内有盘旋梯道（一）图 2-1-65　二层回廊内有盘旋梯道（二）

图 2-1-66　三层墙面抹灰缺失

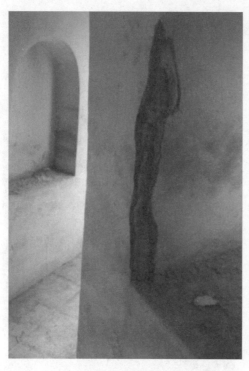

图 2-1-67　三层墙面抹灰缺失，裸露内部清水砖面（一）

图 2-1-68　三层墙面抹灰缺失，裸露内部清水砖面（二）

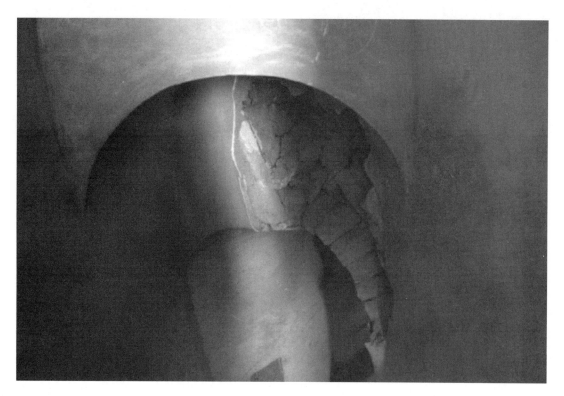

图 2-1-69　三层券砖缺失

图 2-1-70　三层回廊内有盘旋梯道

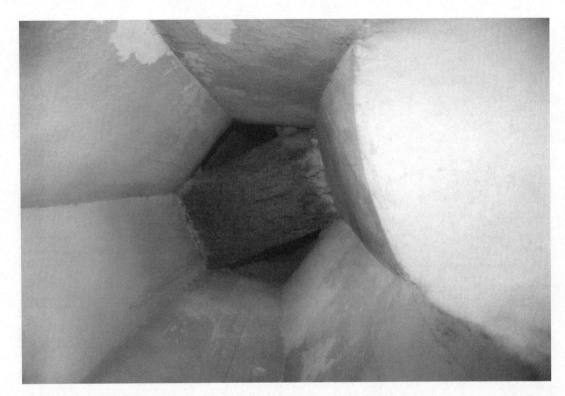

图 2-1-71　三层承托塔心柱木梁糟朽

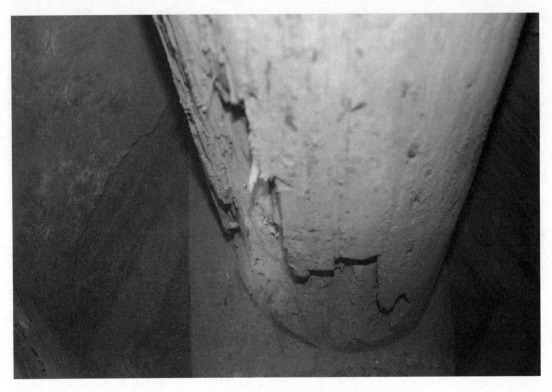

图 2-1-72　三层塔心柱糟朽

图 2-1-73 四层方砖地面

图 2-1-74 四层回廊局部抹灰脱落

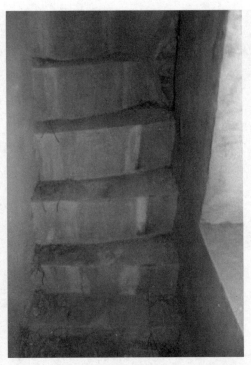

图 2-1-75 四层回廊内有盘旋梯道，局部抹灰脱落（一）　　图 2-1-76 四层回廊内有盘旋梯道，局部抹灰脱落（二）

图 2-1-77 四层盘旋梯道，墙面胡乱刻画

图 2-1-78　四层塔心柱糟朽

图 2-1-79　四层塔心室内部抹灰脱落

63

图 2-1-80　五层方砖地面保存较好

图 2-1-81　五层墙面抹灰脱落（一）

图 2-1-82 五层墙面抹灰脱落（二）

图 2-1-83 五层墙面抹灰脱落（三）

图 2-1-84 五层墙面抹灰脱落（四）

图 2-1-85　五层塔顶上方开敞（一）　　图 2-1-86　五层塔顶上方开敞（二）

图 2-1-87　五层塔心柱糟朽

图 2-1-88 五层塔刹叠涩砌法

图 2-1-89 五层平座抹灰脱落缺失

图 2-1-90 五层平座局部生长杂草

（六）瑞光塔其他残损现状

图 2-1-91 卵石地面

图 2-1-92 距塔 10 米外为垃圾堆

图 2-1-93 卵石地面

图 2-1-94　檐部坍塌坠落下的碎砖

图 2-1-95　檐部坍塌坠落下的碎砖

图 2-1-96　瑞光塔整体外立面与周边环境（一）　图 2-1-97　瑞光塔整体外立面与周边环境（二）

图 2-1-98　勾头

图 2-1-99　底瓦

图 2-1-100　挑檐砖

图 2-1-101　挑檐砖

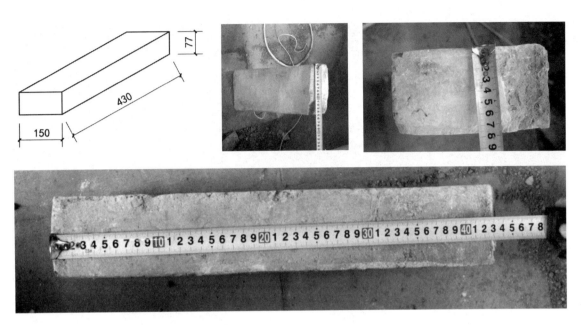

图 2-1-102　条砖

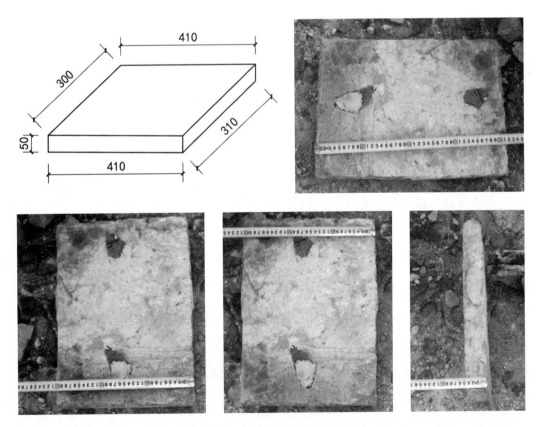

图 2-1-103　挑檐方砖

图 2-1-104　华栱

三、结构安全可靠性评估

（一）文物本体安全评估

瓦面：瑞光塔各层瓦面皆有不同程度的破损，出现瓦面坍塌；瓦件松散、缺失；杂草滋生等现状。若不及时有效改善瓦面的防雨功能，瓦面以下相关墙体将受到严重影响，墙体开裂，墙面抹灰脱落，砖缝黏结材料黏结力降低，造成墙体坍塌。

塔身：主体结构发生倾斜，塔身向西南侧倾斜 0.66 度。瑞光塔为砖石结构，黏结材料为黄土泥浆和蛎灰浆，本身除了有利于抗震的性能外，也存在不利于抗震的因素。首先砖结构属于脆性材料，在地震或其他荷载作用下易出现裂缝，使结构松弛，抗剪性能降低，逐渐扩展可导致塔体塌落；其次砖间黏结材料抗剪强度差，砖缝处形成一个薄弱部位，裂缝通常沿砖缝通过；还有一些因素如各层开设门窗洞口不当造成结构刚度削弱，地质条件不良使塔倾斜，塔自重大地震惯性力也大等。

塔体檐角和层檐由于支持约束差、年代已久，砖缝黏结力降低，很容易受到破坏。

瑞光塔由于长期遭受自然灾害的不断侵蚀，加之人为的破坏，从而降低了塔体的强度，致使古塔处于危险状态，大大增加了地震作用下倒塌的危险。

瑞光塔的倾斜直接关系到瑞光塔的存在，如果不能很好地解决，后果不堪设想。

塔心柱：塔心柱受白蚁侵害严重，木材表面呈层片状破坏、糟朽、倾斜，因条件限制未能对塔心柱整体的损害程度进行勘察。

结论：尽快落实行之有效的抢险维修措施，防止塔体出现突发性破坏。

（二）环境影响评估

随意倾倒的垃圾破坏了瑞光塔周边院落的排水功能，造成院落常年积水，地质土壤受雨水浸泡。瑞光塔塔基所吸附的潮气得不到及时挥发，临近地面的石材基座风化、酥碱严重，直接影响了塔体的安全。

瑞光塔常年封闭，铁栏围内杂草丛生，坍塌的碎砖、瓦砾随处可见，有碍景观。

结论：尽快完善落实合理有效的综合治理规划，合理规划垃圾倾倒场地，清除不利于文物建筑保护的垃圾与杂物，使文物建筑处于相对安全稳定的保护范围之内。

（三）管理现状评估

未有消防设施

瑞光塔自古就有点灯启运的记载，直到现代每逢重大节庆，如春节、元宵、中秋佳节等，亦有点灯志贺之盛举，呈现一派"灯火阑珊，笙歌达旦"的景象。

在欢庆的同时，对瑞光塔的消防安全带来了重大隐患。

瑞光塔现无必要的消防器材，无消防设施，不具备消防功能。

未有安防设施

瑞光塔塔内杂物堆积，明显有流浪汉居住痕迹；墙面乱刻乱画现象严重，对文物本体造成极大破坏。

瑞光塔常年封闭，管理体制不健全，无安防设备，不具备安防功能。

基础资料不健全

有关瑞光塔的历史记载较少，在现有安平桥的文物档案中记载寥寥，应尽快加强历史调查和研究，结合此次调查补充研究，否则不利于文物本体历史信息的延续。

结论：在此次勘察测绘的基础上，尽快建立有关瑞光塔的历史记载、维修记录的资料档案，为今后的维修保护，以及科学研究工作，提供宝贵资料。这是目前应亟待进行，行之有效的基础性工作。

第二章 现状勘测图纸

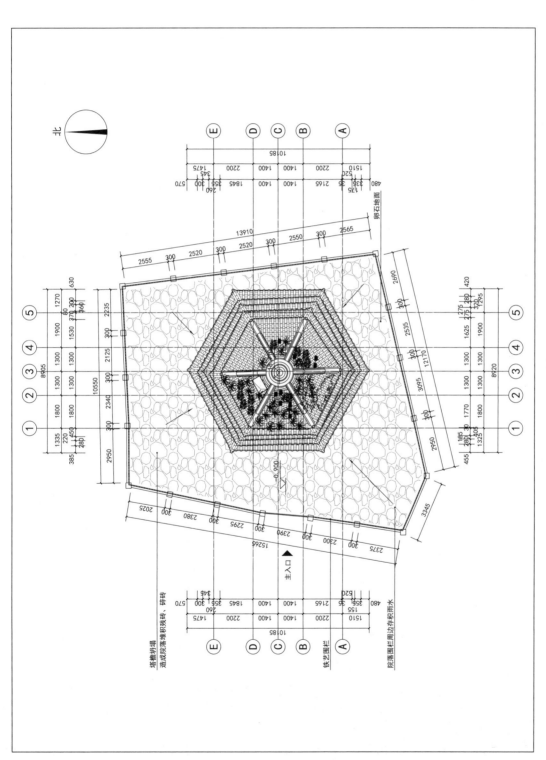

图 2-2-1 安平桥（五里桥）总平面图

77

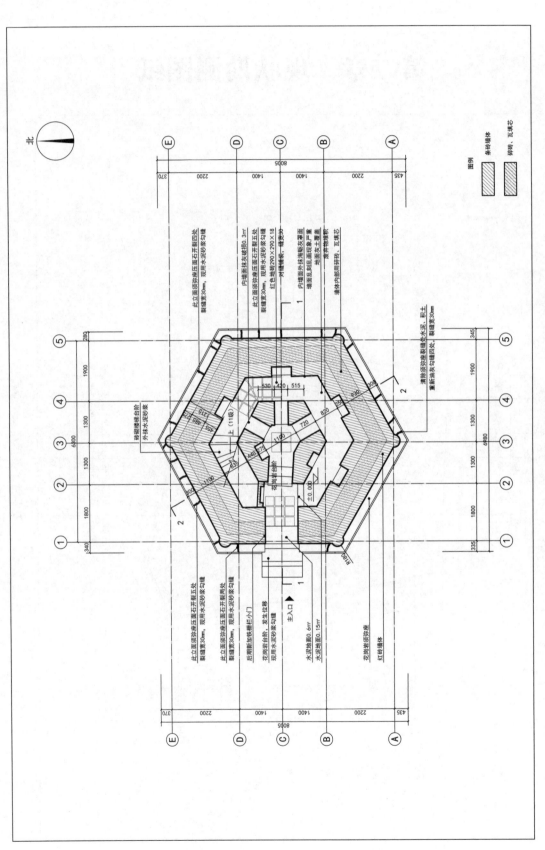

图 2-2-2 安平桥（五里桥）一层平面图

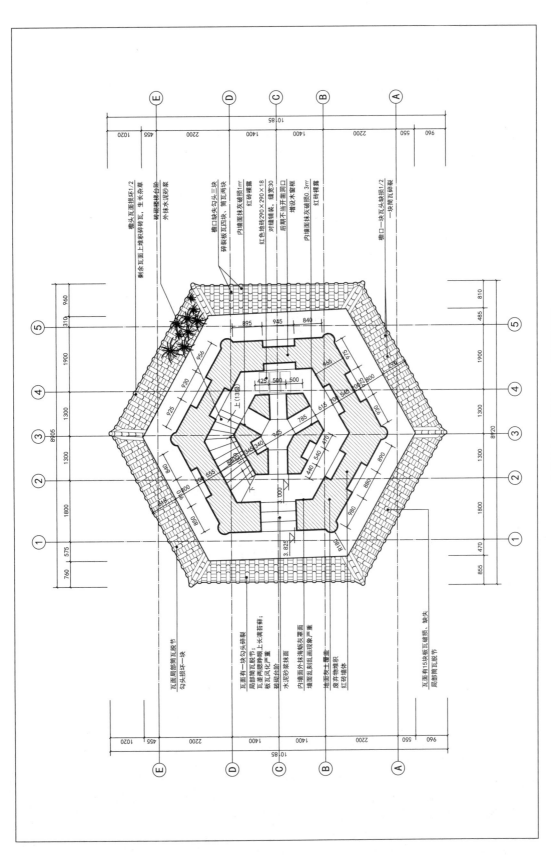

图 2-2-3 安平桥（五里桥）二层平面图

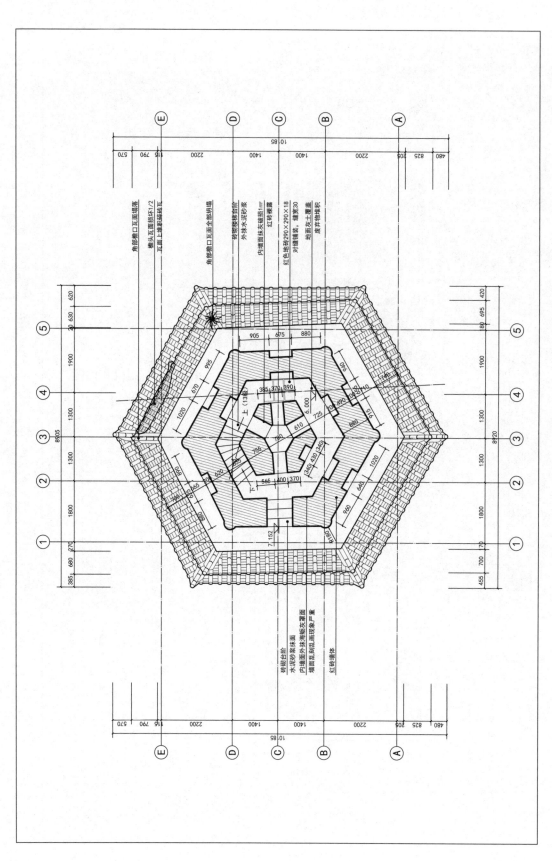

图 2-2-4 安平桥（五里桥）三层平面图

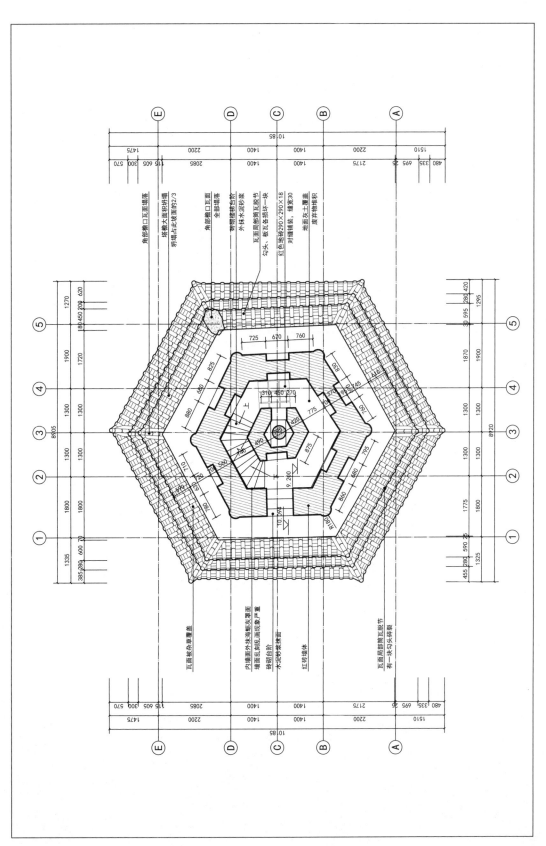

图 2-2-5 安平桥（五里桥）四层平面图

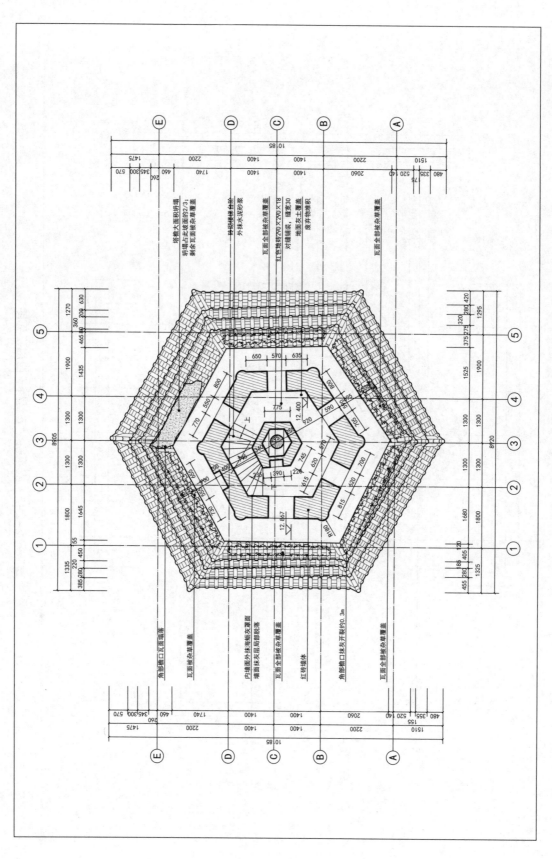

图 2-2-6 安平桥（五里桥）五层平面图

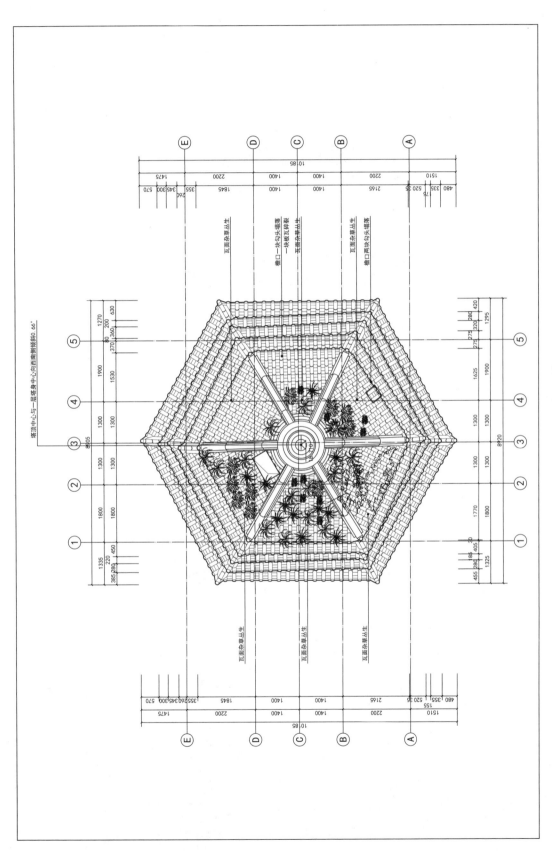

图2-2-7 安平桥（五里桥）塔顶平面图

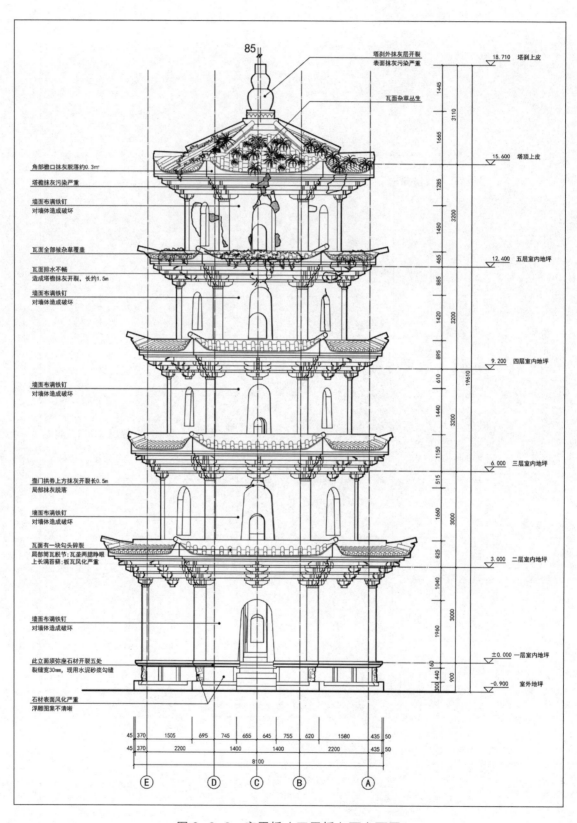

图 2-2-8　安平桥（五里桥）西立面图

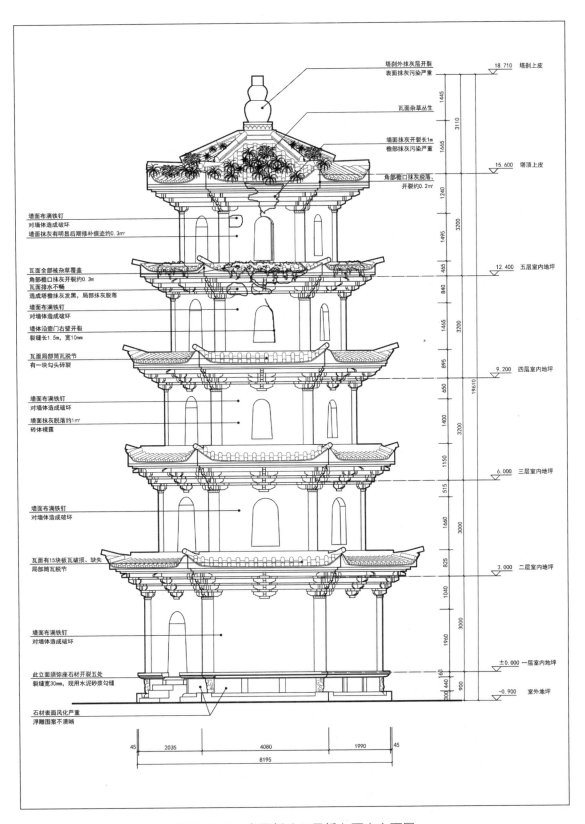

塔刹外抹灰层开裂
表面抹灰污染严重

18.710 塔刹上皮

瓦面杂草丛生

墙面抹灰开裂长1m
檐部抹灰污染严重

15.600 塔顶上皮

角部檐口抹灰脱落、
开裂约0.2㎡

墙面布满铁钉
对墙体造成破坏
墙面抹灰有明显后期修补痕迹约0.3㎡

12.400 五层室内地坪

瓦面全部被杂草覆盖
角部檐口抹灰开裂约0.3m
瓦面排水不畅
造成塔檐抹灰发黑，局部抹灰脱落
墙面布满铁钉
对墙体造成破坏
墙体沿壶门右壁开裂
裂缝长1.5m，宽10mm

瓦面局部筒瓦脱节
有一块勾头碎裂

9.200 四层室内地坪

墙面布满铁钉
对墙体造成破坏
墙面抹灰脱落约1㎡
砖体裸露

6.000 三层室内地坪

墙面布满铁钉
对墙体造成破坏

3.000 二层室内地坪

瓦面有15块板瓦破损、缺失
局部筒瓦脱节

墙面布满铁钉
对墙体造成破坏

±0.000 一层室内地坪

此立面须弥座石材开裂五处
裂缝宽30mm，现用水泥砂浆勾缝

-0.900 室外地坪

石材表面风化严重
浮雕图案不清晰

45 2035 4080 1990 45
8195

图 2-2-9 安平桥（五里桥）西南立面图

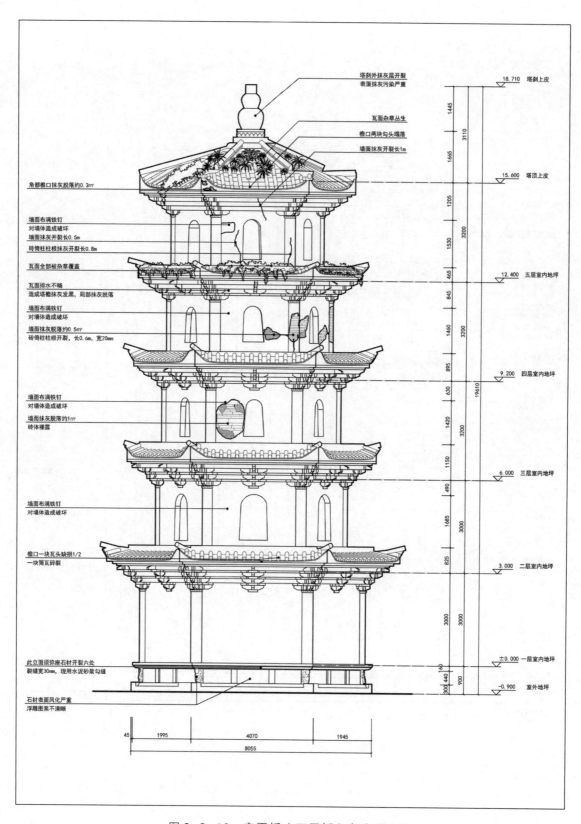

图2-2-10　安平桥（五里桥）东南立面图

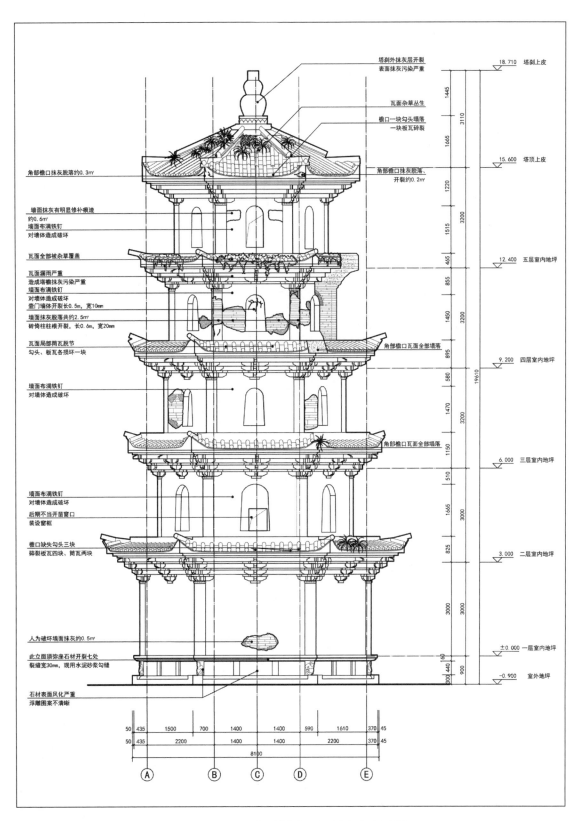

图 2-2-11　安平桥（五里桥）东立面图

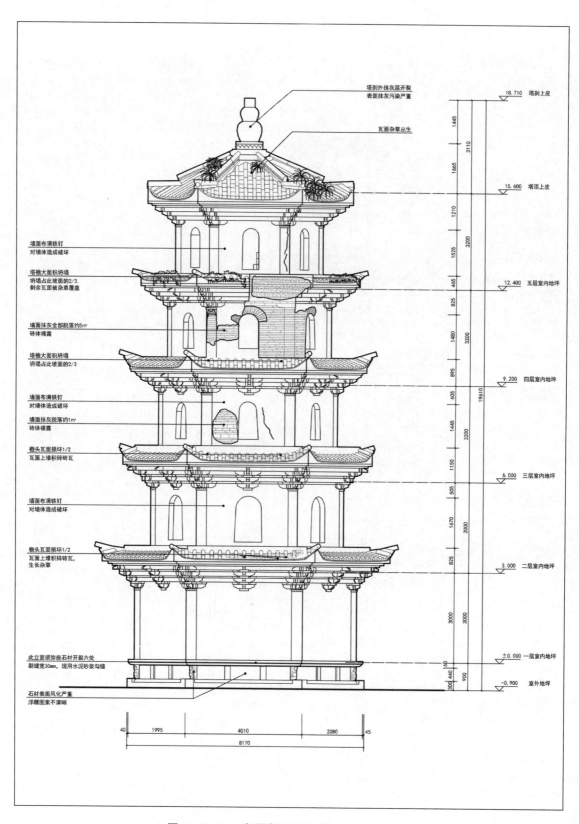

图 2-2-12　安平桥（五里桥）东北立面图

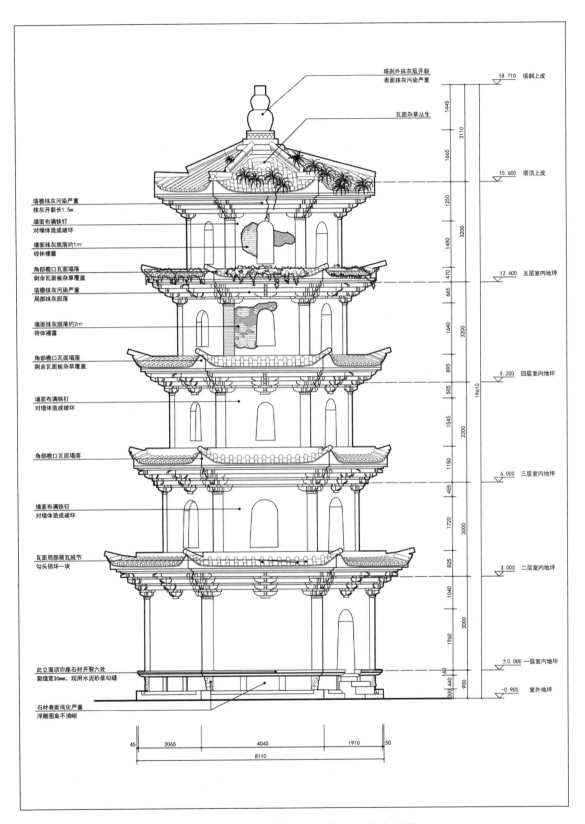

塔刹外抹灰层开裂
表面抹灰污染严重

瓦面杂草丛生

塔檐抹灰污染严重
抹灰开裂长1.5m
墙面布满铁钉
对墙体造成破坏
墙面抹灰脱落约1m²
砖体裸露
角部檐口瓦面塌落
剩余瓦面被杂草覆盖
塔檐抹灰污染严重
局部抹灰脱落
墙面抹灰脱落约2m²
砖体裸露
角部檐口瓦面塌落
剩余瓦面被杂草覆盖
墙面布满铁钉
对墙体造成破坏
角部檐口瓦面塌落
墙面布满铁钉
对墙体造成破坏
瓦面局部筒瓦脱节
勾头损坏一块
此立面须弥座石材开裂六处
裂缝宽30mm,现用水泥砂浆勾缝
石材表面风化严重
浮雕图案不清晰

18.710 塔刹上皮
15.600 塔顶上皮
12.400 五层室内地坪
9.200 四层室内地坪
6.000 三层室内地坪
3.000 二层室内地坪
±0.000 一层室内地坪
-0.900 室外地坪

图 2-2-13 安平桥（五里桥）西北立面图

89

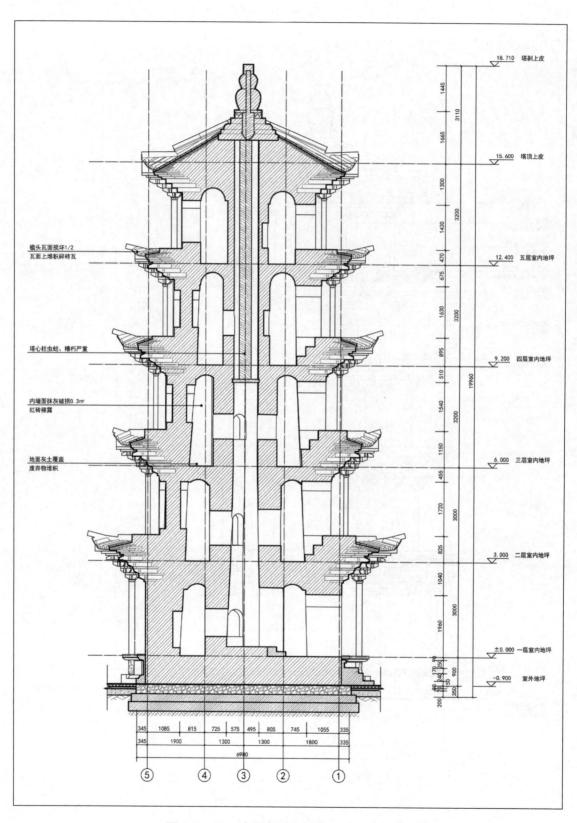

图 2-2-14　安平桥（五里桥）1-1 剖面图

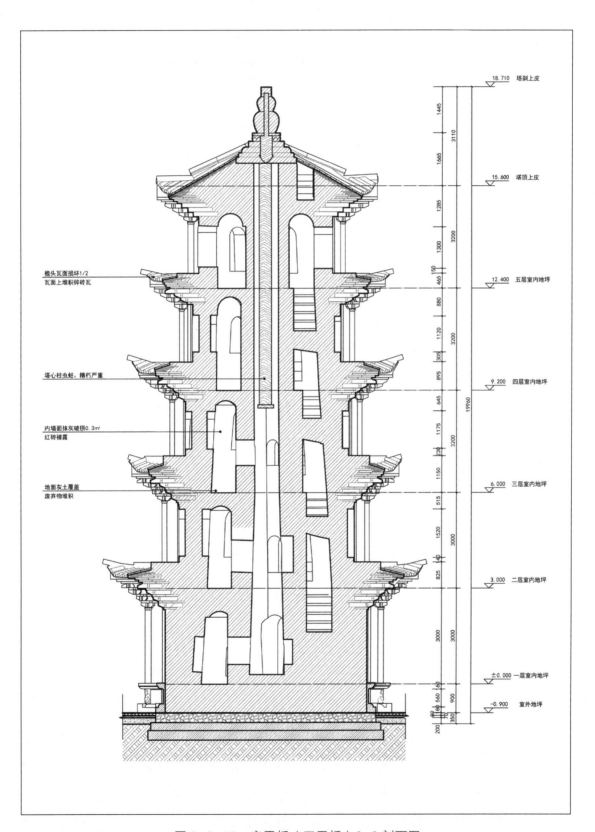

图 2-2-15 安平桥（五里桥）2-2 剖面图

第三章　岩土工程勘察

一、勘察方案

（一）工程概况

晋江市安海镇白塔位于鸿江西路附近，三圣宝殿北侧，与安平桥同为保护文物。该白塔因始建年代较久，表面粉刷层部分已脱落，上部砌体砖有风化迹象，据设计单位提供的资料显示：塔身向西南侧倾斜0.66度（约0.215毫米）。据了解其基础为条石基础，采用浅基，白塔基础边上地面部分有下沉迹象，交通较便利。工程用地面积37.20平方米，总建筑面积186平方米。

工程概况如下：

表 2-3-1　工程概况表

建筑物或构筑物	层数	高度（米）	结构类型	预估最大线荷载（千牛/平方米）	设计地坪标高（米）	采用基础形式	基础埋深（米）	对差异沉降敏感程度
白塔	5	18.71	砖混	200	5.35	浅基	2.50	敏感
注：周边道路地坪标高4.43米。								

注：根据国标《建筑地基基础设计规范》（GB50007-2011）有关规定，砌体承重结构基础的局部倾斜0.002（中、低压缩性土），多层建筑基础倾斜允许值：0.004（H≤24m）。

本工程重要性等级为二级，场地属中等复杂场地，中等复杂地基，本次勘察等级乙级。根据已建建筑使用功能和规模划分，已建建筑抗震设防类为标准设防类。为了今后加固需要，晋江市博物馆委托河北省建筑科学研究院进行设计，委托我院对该场地进行详勘。

（二）勘察目的、任务要求和勘察依据

1. 勘察目的

通过详细勘察，查明场地工程地质条件及水文地质条件，提供设计、施工所需的岩土参数，对建筑物按单体做出岩土工程分析与评价，为基础加固设计、地基处理或工程地质环境条件的保护、改善进行方案论证并提出结论与建议。

2. 任务要求

根据合同及委托书要求，本次详细勘察的主要任务如下：

（1）调查了解有无影响建筑场地稳定性的不良地质现象和地质环境，以及其类型、成因、分布范围、发展趋势和危害程度，并提出整治方案的建议。

（2）查明建筑物、构筑物范围内的地层结构及其均匀性，以及各岩土层的物理力学性质；其中，对黏性土地基，应有地基土的不排水抗剪强度指标。

（3）查明地下水埋藏情况、类型和水位变化幅度及规律，以及对建筑材料的腐蚀性，并提出预防措施。

（4）在抗震设防地区应划分场地土的类型和场地类别，并对饱和砂土及粉土进行液化判别。

（5）对地基加固及修缮设计方案进行论证分析，提出经济合理的设计方案建议；提供与设计要求相对应的地基承载力及变形计算参数，并对设计与施工应注意的问题提出建议。

①对适于采用天然地基的建筑应着重查明持力层和主要受力层内土层的分布，对其承载力和变形特性做出评价和预测，完整提供用于确定其承载力修正系数的各项物理力学性质指标，提供可采用的承载力特征值并进行变形计算。

②对适于采用各类桩、墩基础的建筑，应根据场地条件和施工条件，建议经济合理、当地常用的桩基类型；选择合理的桩端持力层，并详细查明持力层和软弱下卧层的分布；分层提出桩的极限侧阻力标准值及桩端持力层的极限端阻力标准值，预估单桩竖向承载力特征值以及群桩视为实体基础时的承载力和沉降验算；对预制桩判断沉桩的可能性和对相邻建筑的影响，推荐合适的施工设备；对灌注桩应推荐合适的施工

方法。还应提供现场或其他可供参考的试桩资料，及附近类似桩基工程经验资料。

（6）山区（包括丘陵地带）场地尚应查明：

①建设场区内，在自然条件下，有无滑坡现象，有无断层破碎带；

②施工过程中，因挖方、填方、堆载和卸载等对山坡稳定性的影响；

③岩溶、土洞的发育程度，出现崩塌、泥石流等不良地质现象的可能性。

（7）软弱地基场地应查明土层的均匀性、组成、分布范围和土质情况。冲填土尚应了解排水固结条件。杂填土应查明堆积历史，明确自重下稳定性、湿陷性等基本因素。

（8）查明埋藏的河道、沟浜、墓穴、防空洞、孤石等对工程不利的埋藏物，以及有无地下管线等，必要时提出处理措施的建议。

（9）调查核对抗震设防烈度、设计基本地震加速度值和设计地震分组。

（10）场地有原有建筑与新建建筑相邻时，查明原有建筑基础形式、埋深等，据此对基础设计和施工，提出经济合理的相容措施的建议。

（11）提供现场各钻孔顶的绝对标高数值。

（12）当工程需要时，尚应提供：

①深基坑开挖的边坡稳定计算和支护设计所需的岩土技术参数，论证其对周围已有建筑物和地下设施的影响；

②当基础埋深低于地下水位时，提供基坑施工降水（或截水）的有关技术参数及施工降水（或截水）方法的建议；

③提供用于计算地下水浮力的抗浮设计水位，以及用于地下工程设计的防水设防水位。

（13）工程地质勘查，应符合现行国家有关标准规范的规定。

3. 勘察依据

根据拟建建筑性质，按合同及委托书要求，以现行规范为依据。

执行的技术标准如下：

国标《岩土工程勘察规范》（GB 50021-2001）（2009 版）

国标《建筑地基基础设计规范》（GB50007-2011）

国标《建筑抗震设计规范》（GB 50011-2010）

行标《建筑桩基技术规范》（JGJ94-2008）

行标《建筑工程地质勘探与取样技术规范》（JGJ/T87-2012）

国标《岩土工程勘察安全规范》（GB50585-2010）

国标《土工试验方法标准》（GB/T50123-1999）

住建部《房屋建筑和市政基础设施工程勘察文件编制深度规定》（2010版）

省标《岩土工程勘察规范》（DBJ13-84-2006）

省标《建筑地基基础技术规范》（DBJ13-07-2006）

《福建省建筑工程施工图文件设计深度及说明要求》（建筑工程勘察部分）

（三）勘察方法及工作量布置

1. 工作量布置

①钻孔布置：工作量布置以国标《岩土工程勘察规范》（GB50021-2001）（2009年版）为依据，按桩基勘察要求进行布孔，共布6个钻孔，其中控制性钻孔3个，一般孔3个。（钻孔具体位置见建筑物和勘探点位置图）。

②钻孔深度：控制性钻孔孔深控制进入强风化层（标贯修正后击数≥50）6米~8米，一般孔孔深控制进入（标贯修正后击数≥50）5米~7米。

2. 勘察方法

①钻探：对于上部土层采用回转钻进，无泵投球取芯工艺；对于强风化岩层采用双动双管取芯工艺；回次进尺≤2.00米，岩芯采取率应满足规范要求。

②原位测试及取样：

a. 测试主要在控制性钻孔中进行，回次进尺≤2米；主要地层每层标贯试验总数均不得小于6次，风化岩层采用标贯控制（标贯实测击数30~50击确定为全风化岩，标贯实测击数≥50击确定为强风化岩Ⅰ，标贯修正后击数≥50击确定为强风化岩Ⅱ，岩芯以碎块状为主划分为强风化岩Ⅲ）。

b. 在钻孔ZK1、ZK3取水样进行地下水腐蚀性分析，在钻孔ZK1、ZK4取土样进行土的易溶盐含量分析。

c. 在钻孔中取常规土样，每层黏性土按Ⅱ级样标准各取原状土样不少于6件进行常规试验。所采取原状土样在现场应及时封样，分清上下顺序，填写土样标签，并及时送检。对砂类土扰动样可从标贯试验芯样中采取，对于黏性土采用回转取土器进行取样。

本次勘察采用回转岩芯钻探及锤击钻探，结合现场标贯试验、轻型动触、室内土工实验、水、土质简分析等多种方法进行。在勘察过程中，每一回次进尺≤2米，现场原位测试、取样严格按有关操作规程进行。室内土工试验按国标《土工试验方法标准》（GB/T50123–1999）有关规定及福建省标准《建筑地基基础技术规范》（DBJ13–07–2006）的规定进行，水位的量测用测钟，水样的采取用取水器进行。

（四）完成工作量及质量评述

我院于2014年7月5日进场施工，共进1台100型钻机进行施工，于2014年7月9日完成外业，具体完成工作量见下表：

表 2-3-2　外业工作量表

完成钻孔个数（个）	6	测量定点（个）	6
总进尺（米）	195.30	标贯（次）	46
取原状样（件）	12	轻型动触（m）	2.10
取扰动样（件）	1	取水（土）样（件）	2（水）2（土）

完成土工试验工作量如下

表 2-3-3　土工试验工作量表

试验项目	常规试验（件）	颗分（件）	水（土）腐蚀性分析
工作量	12	7	2（水）2（土）

本次勘察假设白塔西侧道路边 A 点坐标（X=100.00，Y=100.00，H=4.43 米，黄海高程）、B 点坐标（X=103.912，Y=100.000），正北方向为 X 轴正方向，正东方向为 Y 轴正方向，采用全站仪引测各钻孔位置，属假设坐标系和黄海高程。

勘察钻孔数量、深度、有关原位测试及室内试验的数量等能满足详勘要求。室内土工试验按国标《土工试验方法标准》（GB/T50123–1999）有关规定进行。所提供的各主要土（岩）层的物理力学指标及有关参数可作为基础设计依据。

（五）其他应说明的问题

1. 场地东侧、南侧、北侧附近为空地，西侧为石结构民房。场地与西侧已建建筑距离≥7.00米。

2. 每个钻孔在观测完稳定水位后，按有关规范要求进行回填。

二、地形地貌、工程地质条件

（一）地形地貌

场地及周边地形地势平坦。根据现场钻探揭露结果，拟建场地原始地貌属冲积平原地貌单元。

（二）工程地质条件

根据现场钻探揭露情况及室内土工试验结果，现将场地内地基土层从上而下描述如下：

1. 杂填土①（$Q4^{ml}$）：灰黄色、灰色、杂色等，松散～稍密状，稍湿～湿，主要由砂质黏土、碎石、碎砖、砼块等混合回填，含杂质10%-30%，堆积年限10年以上，属老填土，均匀性较差，工程性能较差。全场分布，厚度为1.20米～2.80米。

2. 粉质黏土②（$Q4^{al+pl}$）：棕红色、灰黄色、灰白色等，湿，可塑～可塑偏硬状，局部硬塑，主要由黏性土组成，部分地段含有石英砂15-35%，切面稍光滑～光滑，稍有～有光泽反应，黏性好，干强度中等～高，韧性中等～高，无摇震反应，工程性能一般～较好。全场分布，厚度5.30米～7.30米，冲洪积成因。

3. 中粗砂③（$Q4^{al+pl}$）：灰黄色等，饱和，中密状，主要成分为石英中、粗砂，分选性较好，级配差，工程性能一般，含泥量5.4%，颗粒呈棱角形。仅在钻孔ZK4中分布，厚度0.90米，冲洪积成因。

4. 残积砂质黏性土④（Q^{el}）：黄色、褐黄色、灰白色等，湿，可塑～硬塑状，由花岗岩风化残积而成，以长石风化的黏性土为主，石英砂>2毫米含量12.0%～19.2%，平均值 15.37%，含云母碎片，切面较粗糙，稍有光泽反应，干强度中等，韧性中等，无摇震反应。长期浸水易崩解、软化。工程性能一般～较好。全场分布，厚度9.80米～12.60米，残积成因。

5. 全风化花岗岩⑤（$\gamma5^3$）：灰黄色、灰白色等，中粗粒结构，主要矿物成分为长石、石英和云母等，裂隙节理极发育，组织结构基本破坏，具有残余结构强度，岩芯手捏呈砂土状，采取率约为75%～78.5%，该层通过现场标贯实测击数≥30击且小于50击划分，属极软岩，岩体极破碎，岩体基本质量等级为Ⅴ级。工程性能较好，全场分布，厚度2.40米～4.10米。

6. 强风化花岗岩⑥（$\gamma5^3$）：灰黄色、灰白色、褐黄色，中粗粒结构，块状构造，主要矿物成分为长石、石英和云母等，裂隙节理极发育～很发育，组织结构已大部分破坏，其强度大体上随深度加深而渐强，岩芯由砂土状渐变为碎块状，采取率约为65%～75%，该层通过现场标贯实测击数≥50击划分，属极软岩～软岩，岩体极破碎～破碎，岩体基本质量等级为Ⅴ级，该层全场有揭示。岩体中未发现软弱夹层、临空面，工程性能较好～良好。根据该层的状态和工程性能将该层分为强风化花岗岩⑥1、强风化花岗岩⑥2。

强风化花岗岩⑥1岩芯为砂土状，中粗粒结构，块状构造，该层通过现场标贯实测击数≥50击且标贯修正击数小于50击划分，属极软岩，岩体完整性为极破碎，岩体基本质量等级为Ⅴ级，工程性能较好，该层多数地段有分布，厚度1.60米～2.90米，该层顶部埋深标高为 –21.14米～–17.45米；

强风化花岗岩⑥2岩芯以砂土状为主，下部部分碎块状，中粗粒结构，块状构造，该层通过现场标贯修正击数≥50击划分，属软岩，岩体完整性为破碎，岩体基本质量等级为Ⅴ级，工程性能良好，全场分布，厚度5.30米～10.20米，该层顶部埋深标高为 –23.54米～–19.75米。

（三）各岩土层物理力学指标及设计计算参数选取

根据现场原位测试及室内试验结果，按照国家标准《岩土工程勘察规范》（GB50021-2001）（2009年版）关于岩土主要测试指标统计方法，对各土（岩）层的物理力学指标及原位测试结果进行统计。

根据统计结果，结合实际及地区经验，以上各土（岩）层的地基基础设计计算参数的建议值见下表。

表 2-3-4　各岩土层物理力学指标参数表 1

土岩层名称	天然含水量 W（%）	天然单位重度 γ（KN/m³）	孔隙比 e	液性指数 IL	快剪强度		标贯修正击数 N（击）	动触	天然地基承载力特征值 fak（KPa）	承载力修正系数	
					内聚力 C KPa	内摩擦角 φ（度）				η_b	η_d
杂填土①		*17.5			*8.0	*10.0		33.1（N_{10}）			
粉质黏土②	23.0	20.2	0.643	0.12	26.7	11.0	12.8		180	0.3	1.6
中粗砂③		18.5					15.9		220	3.0	4.4
残积砂质黏性土④	28.2	18.3	0.843	0.25	21.7	20.2	14.8		220	0.3	1.6
全风化花岗岩⑤		*20.0			*25	*25	24.1		320	0.5	2.0
强风化花岗岩⑥₁		*21.0			*35	*30	39.2		420	1.0	2.5
强风化花岗岩⑥₂		*22.0			*50	*35	50.3		500	1.2	2.6

表 2-3-5　各岩土层物理力学指标参数表 2

土岩层名称	压缩模量 $E_{s0.1-0.2}$（变形模量 E_0）（MPa）	压缩模量 $E_{s0.2-0.3}$（MPa）	压缩模量 $E_{s0.3-0.4}$（MPa）
杂填土① 1			
粉质黏土②	5.3	6.3	7.4
中粗砂③	*7.0	*8.0	*9.0
残积砂质黏性土④	（*14.0）		
全风化花岗岩⑤	（*18.0）		
强风化花岗岩⑥₁	（*30.0）		
强风化花岗岩⑥₂	（*50.0）		

备注：表中带 * 者为经验值

三、场地水文地质条件概况

（一）地下水埋藏条件与类型

勘察期间（2014 年 7 月），场地内地下水初见水位埋深为 3.80 米～4.46 米，混合稳定水位埋深为 3.90 米～4.50 米（标高 -0.08 米～0.56 米）。

杂填土①呈松散状，渗透性较强，赋水性较好，主要赋存上层滞水；粉质黏土②、残积砂质黏性土④渗透性弱，赋水性较小，属弱透水性土层，主要赋存孔隙水；中粗砂③渗透性强，赋水性较大，属强透水性土层（呈透镜体分布）；全风化花岗岩⑤渗透性较弱，主要赋存孔隙——裂隙水；强风化花岗岩⑥及其以下地层渗透性较强，主要赋存基岩裂隙水。综合评价场地地下水属潜水类型，各含水层间水力联系一般。

大气降水为其主要补给来源，地下水主要由西向东排泄，次为蒸发。水位随季节降雨量水位的变化而变化，幅度约 2.50 米，据调查，拟建场地近期历史最高水位标高为 3.90 米。

（二）地下水的腐蚀性评价

根据钻孔 ZK1、ZK3 地下水腐蚀性分析结果，及钻孔 ZK1、ZK4 土易溶盐含量分析结果。按照国标《岩土工程勘察规范》（GB50021-2001）（2009 年版）有关规定〔地下水对钢结构腐蚀性评价按省标《岩土工程勘察规范》（DBJ13-84-2006）有关规定判定〕，场地环境类型为湿润区，按Ⅲ类环境弱透水层判定，判定结果见下表。从表 2 中可以看出按地层渗透性地下水对混凝土结构具有微腐蚀性；按环境类型地下水在干湿交替作用下和长期浸水作用下对混凝土结构具有微腐蚀性；在干湿交替作用下对混凝土结构中的钢筋具有弱腐蚀性，在长期浸水作用下地下水对混凝土结构中的钢筋具有微腐蚀性；地下水对钢结构具有弱腐蚀性。从表 3 中可以看出按地层渗透性土对混凝土结构具有微腐蚀性；按环境类型土对混凝土结构具有微腐蚀性；土对混凝土结构中的钢筋具有微腐蚀性。应按国标《工业建筑防腐性设计规范》（GB50046）的规定采取防护措施。

表 2-3-6　地下水腐蚀性判别表

结构类型	成分		腐蚀性标准	试验值（取水孔）		腐蚀等级	
场地环境类型：湿润区Ⅲ类（B）							
结构类型	成分		腐蚀性标准	试验值（取水孔）		腐蚀等级	
	mg/L		腐蚀性标准 mg/L	ZK1	ZK3	ZK1	ZK3
按地层渗透性水对混凝土结构的腐蚀性评价	PH（弱透水层）		>5.0（微）	7.10	7.00	微	微
	侵蚀性 CO2（弱透水层）		<30（微）	6.31	8.41	微	微
按环境类型水对混凝土结构的腐蚀性评价	Mg²⁺		<3000（微）	5.83	8.75	微	微
	NH₄⁺		<800（微）	0.00	0.00	微	微
	OH⁻		<57000（微）				
	SO₄²⁻	干湿交替	<500（微）	17.29	61.48	微	微
		长期浸水	<500（微）	17.29	61.48	微	微
	总矿化度		<50000（微）	358	536	微	微
对钢筋砼结构中的钢筋	Cl⁻	干湿交替	100 — 500（弱）	173.35	253.09	弱	弱
		长期浸水	<10000（微）	173.35	253.09	微	微
对钢结构腐蚀性评价	弱		PH 3 ～ 11 Cl⁻+SO₄²⁻ < 500	7.10 190.64	7.00 314.57	弱	弱

表 2-3-7　土的腐蚀性判别表

结构类型	成分	腐蚀性标准	试验值（取土孔）		腐蚀等级	
场地环境类型：湿润区Ⅲ类（B）						
结构类型	成分	腐蚀性标准	试验值（取土孔）		腐蚀等级	
	mg/L	腐蚀性标准 mg/L	ZK1-1	ZK4-1	ZK1-1	ZK4-1
按地层渗透性土对混凝土结构的腐蚀性评价	PH（弱透水土层）	>5.0（微）	7.20	7.30	微	微
按环境类型土对混凝土结构的腐蚀性评价	Mg²⁺	<4500（微）	8.62	11.42	微	微
	NH₄⁺	<1200（微）	0.00	0.00	微	微
	OH⁻	<85500（微）	0.00	0.00	微	微
	SO₄²⁻	< 750（微）	56.77	112.77	微	微
	总矿化度	<75000（微）	568	703	微	微
对钢筋砼结构中的钢筋	Cl⁻	< 250（微）	185.92	164.14	微	微

四、场地地震效应评价

（一）剪切波速测试及场地类别评价

根据钻孔钻探揭露结果、现场原位测试结果以及室内土工试验结果，各土层的剪切波速值取值；杂填土①剪切波速值 Vs=150m/s；粉质黏土②剪切波速值 Vs=255m/s；中粗砂③剪切波速值 Vs=265m/s；残积砂质黏性土④剪切波速值 Vs=260m/s；全风化花岗岩⑤剪切波速值 Vs=320m/s；强风化花岗岩⑥1剪切波速值 Vs=400m/s；强风化花岗岩⑥2剪切波速值 Vs > 500m/s。

拟建场地深度 20 米以内覆盖土层等效剪切波速值按下列公式计算：Vse=do/t t= $\sum_{d-1}^{M}$（di/Vsi），选取场地南侧如下钻孔计算等效剪切波速（按自然地面）结果如下表4：

表 2-3-8

孔号	ZK1	ZK3	ZK6	平均值与综合评价
土层等效剪切波速 Vse（m/s）	236	248	237	240
覆盖层厚度 dv（m）	24.50	25.80	28.00	26.10
覆盖层厚度界限值（m）	3 ≤ dv ≤ 50			3 ≤ dv ≤ 50
建筑场地类别	Ⅱ	Ⅱ	Ⅱ	Ⅱ

场地土层的等效剪切波速为 236m/s ~ 248m/s，平均值为 240m/s，覆盖层厚度均为 3 米 ~ 50 米范围内，场地综合评定为 Ⅱ 类建筑场地。

（二）场地地震特征参数

根据国标《建筑抗震设计规范》（GB50011-2010）的有关规定，以及福建省建设厅、地震局文件《关于贯彻执行（中国地震动参数区划图）（GB18306-2001）的通知》（闽建设 [2002]37 号和闽建设 [2011]10 号）。拟建场地位于晋江市安海镇，抗震设防烈度为 7 度，设计地震分组为第二组，地震动峰值加速度为 0.15g。拟建场地属 Ⅱ 类建筑场地，特征周期值为 0.40s。

（三）饱和砂土液化判定及软土震陷评价

根据国标《建筑抗震设计规范》（GB50011-2010）第 4.3.4 条规定，须对地面下 20 米范围内的饱和砂类土进行七度地震作用下液化判定。

根据现场标贯实测值按下式进行液化判别：Ncr=No β [ln（0.6d s+1.5）–0.1d w]，本场地设计地震加速度为 0.15g，地震分组第二组，查表取 NO=10， β =0.95， ρ c=3 进行液化判别，按液化指数式：ILE= Σ（1–N_i/N_{cri}）$d_i$$W_i$ 计算钻孔液化指数，判定结果见附表 2-3-8。从表中可看出含泥中粗砂③ 1 次标贯测试中不会发生液化。故可不用考虑含泥中粗砂③液化问题。

（四）场地抗震地段划分

根据国标《建筑抗震设计规范》（GB50011-2010）第 4.1.1 条及条文说明划分，已建场地除浅部分布有松散状的杂填土①外，未发现有对建筑抗震不利的地质条件，故场地综合评价属可进行建设的一般场地。

五、岩土工程分析和评价

（一）建筑场地的稳定性和适宜性评价

拟建建筑场地经现场勘察未发现存在滑坡和泥石流等不良地质作用发育，也未发现有如洞穴、防空洞、沟滨等对工程不利的埋藏物，属中等复杂场地（二级场地），中等复杂地基（二级地基），区域稳定性较好，场地地势平坦，场地稳定。

（二）岩土工程性能评价

1. 杂填土①（Q_4^{ml}）：呈松散～稍密状态，全场分布，回填一般在 10 年以上，较不均匀，工程性能较差。

2. 粉质黏土②（Q_4^{al+pl}）：可塑～可塑偏硬状，局部硬塑，全场分布，属中等压缩性

土，较不均匀，工程性能一般～较好。

3、中粗砂③（Q_4^{al+pl}）：呈中密，局部地段分布，属中等压缩性土，工程性能一般。

4、残积砂质黏性土④（Q^{el}）：呈可塑偏硬～硬塑状态，多全场分布，浸水易崩解、软化，其强度大体上随深度加深而增强，属中等压缩性土，均匀性一般，工程性能一般～较好。

5、全风化花岗岩⑤（γ_5^3）：全场分布，浸水易崩解，其强度大体上随深度加深而渐强，岩芯呈砂土状，手捏易散，属极软岩，岩体基本质量等级为Ⅴ级，较均匀，工程性能较好。

6、强风化花岗岩⑥（γ_5^3）：该层全场分布，其强度大体上随深度加深而渐强，岩芯以砂土状为主，属极软岩～软岩，岩体基本质量等级为Ⅴ级，岩体中未发现软弱夹层、临空面，工程性能良好。

根据该层的状态和工程性能将该层分为强风化花岗岩⑥₁、强风化花岗岩⑥₂。

强风化花岗岩⑥₁岩体基本质量等级为Ⅴ级，完整性为极破碎，属极软岩，工程性能较好；

强风化花岗岩⑥₂岩体基本质量等级为Ⅴ级，完整性为破碎，属软岩，工程性能良好；

强风化花岗岩⑥可作为建筑桩基持力层。

综合评价，场地地基土较不均匀，地基稳定性一般。

（三）加固方案分析

1.概况：预估白塔上部总荷载约750吨，基础据了解采用条石基础，持力层估计为粉质黏土②，塔身底部1.00米范围为砌石，上部结构采用黏土砖砌置，平面上呈六角形状。表面粉刷层部分已脱落，上部砌体砖有风化迹象，白塔基础边上地面部分有下沉迹象。据设计单位提供的资料显示：塔身向西南侧倾斜0.66度（约0.215毫米）。

2.加固方案分析：

根据工程地质条件分析，塔身向西南侧倾斜可能是因为该侧上部粉质黏土强度相对较低所致。故可对白塔未下沉一侧进行掏土，待纠偏后再进行加固处理。加固方案可采用注浆法加固或预制锚杆法加固等。加固时，应做好塔身沉降量、垂直度等的监测工作。施工时应做好防护工作，避免对白塔基础及结构造成破坏。

以上各桩型桩基参数可采用下表 2-3-8

表 2-3-9　桩基设计计算参数建议值

土层名称	天然单位重度 γ（KN/m³）	压缩模量 $E_{s0.1-0.2}$（变形模量 E_0）（MPa）	天然地基承载力特征值 f_{ak}（kpa）	预制桩极限承载力标准值（kpa）		钻（挖）孔灌注桩极限承载力标准值（kpa）		抗拔系数 λ
				桩周 q_{sik}	桩端 q_{pk}	桩周 q_{sik}	桩端 q_{pk}	
杂填土①	*17.5							
粉质黏土②	20.20	5.3	180	50		35		0.70
中粗砂③	18.5	*7.0	220	60		45		0.60
残积砂质黏性土④	18.3	（*14.0）	220	55		40		0.70
全风化花岗岩⑤	*20.0	（*18.0）	320	90	5000	75	1400	0.60
强风化花岗岩⑥₁	*21.0	（*30.0）	420	100	7000	80	1800	0.50
强风化花岗岩⑥₂	*22.0	（*50.0）	500	110	9000	90	2800	0.50

注：1. 表中带 * 为经验值；

2. 大直径灌注桩应按国标《建筑桩基技术规范》（JGJ94-2008）的有关规定进行侧阻力尺寸效应系数 ψ_{si} 及端阻力尺寸效应系数 ψ_p 修正，嵌岩桩应按国标《建筑桩基技术规范》（JGJ94-2008）的有关规定进行桩嵌岩段侧阻和端阻综合系数 ξ_r 修正；

3. 冲、钻孔灌注桩应按有关规范要求严格控制孔底沉渣厚度。

（四）地下水对基础设计及施工的影响

场地内地下水混合稳定水位埋深 3.90 米～4.50 米（标高 -0.08 米～0.56 米）。地下水对预制桩的施工和影响不大；地下水对冲钻孔灌注桩设计和施工影响较大，采用冲钻孔灌注桩时，应合理调整冲洗液参数，保持孔内液面与土层水压力的动态平衡，确保孔壁稳定。本场地地下水位埋藏一般，对人工挖孔桩、基槽开挖有一定影响，开挖时应做好止水、降水及必要的支护工作，并应做好监测工作。建议选择枯水季节进行施工。

（五）欠固结土对桩基设计和施工影响评价

杂填土①属特殊性土，呈松散～稍密状，为老填土，应考虑其在自重固结过程中将对桩基产生负摩阻力作用，建议杂填土①负摩阻力系数预制桩、冲（钻）孔灌注桩、分别取 0.30、0.25。

（六）基础施工对周围环境的影响

场地杂填土①属老填土，呈松散～稍密状，及加固时开挖后回填的填土，建议对其进行碾压夯实，其密实度应满足施工设备移动和施工时所需的承载要求及今后使用要求。场地东侧、南侧、北侧附近为空地，西侧为石头房。场地与西侧已建建筑距离 ≥7.00 米。

场地交通较方便，适宜施工。采用预制桩（锚杆桩）时，应避免挤土对白塔基础及邻近建筑物造成不利影响，可采用引孔方式处理。采用冲、钻孔灌注桩，应做好泥浆的排放工作，以免对环境造成污染。采用人工挖孔桩时，应做好堆土和转运工作。当人工挖孔桩、基槽、开挖时应做好降水及支护工作，并做好监测工作。另外，周边场地建（构）筑物或管线施工时，应做好保护措施，以免对白塔造成破坏。

六、监测

1、场地填土属老填土，局部未完成自重固结，建议对地面沉降进行长期监测。

2、对挤土桩，当周边环境保护要求严格，布桩较密时，应对打桩过程中造成的土体隆起和位移，邻桩桩顶标高及桩位、孔隙水压力进行监测。

3、施工过程中需要降水而周边环境要求监控时，应对地下水位变化和降水对周边环境的影响进行监测 .

4、施工期间应对支护结构的内力和变形、地下水位变化及周边建（构）筑物、地下管线等市政的沉降和位移进行监测，及时反馈监测结果。

5、施工开挖对邻近建（构）筑物的变形监控应考虑开挖造成的附加沉降与原有沉降的叠加。

6、建筑物在施工和使用过程应进行沉降和变形观测。

7、白塔在施工加固和使用过程应进行垂直度观测。

8、发生异常情况应及时通知有关部门，采取有效措施进行处理。

七、结论与建议

（一）结论

1、建筑工程重要性等级为三级，属中等复杂场地（二级场地），中等复杂地基（二级地基），本次勘察等级为乙级，拟建场地稳定，适宜建筑。

2、拟建场地地貌上属冲积平原地貌单元，经现场勘察场地内分布的地层有：杂填土①、粉质黏土②、中粗砂③、残积砂质黏性土④、全风化花岗岩⑤、强风化花岗岩⑥。

3、勘察期间场地内混合稳定水位埋深 3.90 米 ~ 4.50 米（标高 –0.08 米 ~ 0.56 米），综合评价属潜水类型。拟建场地地下水对混凝土结构具有微腐蚀性；地下水在干湿交替作用下对混凝土结构中的钢筋具有弱腐蚀性，在长期浸水作用下地下水对混凝土结构中的钢筋具有微腐蚀性；地下水对钢结构具有弱腐蚀性。场地土对混凝土结构具有微腐蚀性；土对混凝土结构中的钢筋具有微腐蚀性。应按有关规定采取防护措施。

4、场区抗震设防烈度为 7 度，地震分组为第二组，地震动峰值加速度 0.15g，拟建场地属 II 类建筑场地，特征周期值为 0.40s。可不用考虑中粗砂③在七度地震作用下的影响。

场地属对可进行建设的一般场地，设计时应按有关抗震规范进行设防。拟建建筑抗震设防类别为标准设防类（简称丙类）。

（二）建议

1、建议白塔加固设计前应进一步查明基础类型、埋深、宽度、持力层等情况。

2、白塔加固前可先进行纠偏，后再进行加固。加固方案可采用注浆法加固或预制锚杆法加固等。

3、白塔加固施工时应做好防护工作，避免对白塔基础及结构造成破坏。

4、当进行基础加固时，人工挖孔桩、基槽开挖时应做好降水及支护工作，并做好监测工作。建议选择枯水季节进行施工。

5、白塔基础加固时，应对白塔塔身倾斜度、垂直度进行观测及监测，并对周边土体及邻近建（构）筑物的位移及沉降进行观测及监测。

6、建议考虑地下水对底板基础的托浮影响，应进行抗浮计算，必要时应采取抗浮措施，如设计抗拔桩（或抗拔锚杆），建议抗浮设计水位取历史最高水位标高 3.90 米，单根锚杆抗拔承载力特征值 R_t 应通过现场试验确定。

7、基础加固施工时应通知有关单位进行验槽工作。

8、基础施工时，应注意对周边环境的影响。

9、应考虑素填土①（或杂填土①）对桩的负摩阻力影响，建议杂填土①负摩阻力系数预制桩、冲（钻）孔灌注桩、分别取 0.30、0.25。

10、基础施工、基坑开挖施工时应注意安全。

11、白塔周边场地进行建筑施工及开挖时，应做好防护工作，避免对白塔基础及结构造成破坏。

12、建筑物在施工和使用过程应进行沉降变形及垂直度观测。

设计篇

第一章　瑞光塔修缮方案

2014年7月上旬清华大学建筑设计研究院受业主单位委托，对全国重点文物保护单位福建省晋江市安平桥（五里桥）的瑞光塔出现的严重险情进行了全面的现状勘察，据此制定了对瑞光塔的抢险修缮加固的设计方案，现就其修缮设计方案说明如下：

一、修缮设计依据与设计原则

（一）设计依据

1.《中华人民共和国文物保护法》

2.《中华人民共和国文物保护法实施细则》

3.《文物保护暂行管理条例》

4.《中国文物古迹保护准则》

5.《危险房屋鉴定标准》（JGJ 125-99）

6.《建筑抗震设计规范》（GB 50011-2001，2008 版）

7.《建筑地基基础设计规范》（GB 50007-2002）

8.《文物保护工程设计文件编制深度要求》

9. 有关文物建筑保护的其他法律、条例、规定及相关文件；

10.《安平桥（五里桥）瑞光塔抢险加固工程立项报告》

11. 相关历史资料和调查资料。

（二）设计原则

遵循"保护为主，抢救第一、合理利用、加强管理"的十六字方针。采取必要措施，尽快排除造成文物险情的根源，去除隐患，保持塔体结构稳定。在本体修缮方面遵循"最小干预""保留历史信息"的文物修缮原则，尽量保留原有构件，保留传统工艺和原有做法。

1. 安全性原则

安平桥瑞光塔修缮后必须确保建筑物自身的整体安全，包括结构整体的稳定和安全、各部分的使用安全。

2. 真实性原则

按照《中华人民共和国文物保护法》第十四条规定："核定为文物保护单位的革命遗址、纪念建筑物、古墓葬、古建筑、石窟寺、石刻等（包括建筑物的附属物），在进行修缮、保养和迁移的时候，必须遵守不改变文物原状的原则。"在《中国文物保护准则》中特别提出关于原状的释义，如"历史上经过修缮、改建、重建后留存的有价值的状态，以及能够体现重要历史因素的残毁状态……。"《古建筑木结构维护加固技术规范》第 2.0.1 条指出："原状系指古建筑个体或群体中一切有历史意义的遗存现状，若确需恢复到创建时期的原状或恢复到一定时期特点的原状时，必须根据需要及可能，并具备可靠的历史考证和充分的技术论证。"

第 2.0.2 条指出，在维修古建筑时，应保存以下内容：

原来的建筑形制。包括原来建筑的平面布局、造型、法式特质和艺术风格等。建筑的形制主要是文物历史文化价值的体现，是一定时期内社会的政治、制度和文化的体现。

原来的建筑结构。文物的建筑结构是文物存在的基础，代表了当时的科技发展水平，具有明显的时代特点。

原来的建筑材料。建筑的材料、材质组成了文物建筑本体，反映了文物的等级、特点，也与当时的经济、工艺等有密切关系。

原来的工艺技术。文物建筑保留下来的工艺技术信息是当时社会技术水平的重要体现。

《文物保护暂行管理条例》强调了"恢复原状"的同时，指出：如果恢复原状的史料和根据不足时，可以先"保存现状"，以便在依据充足时"恢复原状"。因此，在修缮设计中应注意保存文物建筑的原有空间、格局、结构、外观、材料、工艺等信息，尽最大可能利用相同材料，保留原有构件，使用原始工艺，尽可能少对文物做扰动，尽可能多的保存历史信息，保持文物建筑的可持续性，真实性和完整性。

3. 尊重传统，保护建筑文化多样性的原则

不同时代有不同的建筑风格与传统手法，修缮过程中要加以识别，尊重传统。保护建筑风格的多样性、建造工艺的地域性和营造手法的独特性。

4. 可逆性原则

对于维修中不得不使用的新材料新技术等，例如防水材料做法等，应具有可逆性原则，给将来的保养和修缮留有余地。

5. 可识别原则

一座文物建筑存留至今，历经多个时代并存留有多个时期的历史信息。本次修缮所采用的材料工艺施工技术等，在"不改变文物原状"的大原则下要与文物原位置、样式有所区别，并能看出是现代修复的。

二、修缮工程性质和内容

2014 年由于暴雨和台风的破坏，瑞光塔出现塔檐数层垮塌的严重破坏，塔体也出现倾斜。根据《中国文物古迹保护准则》及《文物保护工程管理办法》第五条，此次维修工程属于对瑞光塔的抢险加固工程。

对瑞光塔出现的严重险情进行抢险性加固，修缮因塔檐垮塌造成的本体残损，对塔体倾斜进行纠偏，保证塔体稳定安全，修缮瑞光塔原有的本体病害，具体工程内容包括：

塔身纠偏、加固工程；

补砌坍塌的塔檐，并进行加固；

内外墙面抹灰的修补与维护；

内外墙体裂缝的加固工程

对塔檐及塔顶瓦面进行除草，局部进行揭瓦瓦面；

塔心柱的归安、维护及防虫、防蚁工程；

院落排水系统改造工程。

三、修缮方案

（一）具体方案

1. 塔基

花岗岩须弥座塔基清洗去污、对开裂的条石，仔细取下后用环氧树脂，掺入同类花岗岩石粉进行粘接修补，用青灰腻子掺入石粉调色后修补表面裂缝。

2. 塔身维修

塔身维修应根据不同残损情况，采用不同的方法。如墙面抹灰层空鼓、剥落的问题，修补时适当扩大修补面积，面积大于墙面总面积三分之一时，须将整个墙面重做。将原塔体原灰层清除干净后，用清水清洗墙面，塔身修复后以混合砂灰打底，麻刀灰（白灰：麻刀 =100：8）修复表面灰层。粉刷时严格控制粉刷层（21 毫米）厚度及墙面平顺，需保证粉刷密实。待粉刷层保养期过后方可进行墙面罩面工作，将塔体纯白色进行做旧处理，用山草泡水，将塔体粉刷为淡黄色。

墙体维修须局部拆砌时，要采用对主体建筑干扰最小的施工工法，合理选择拆砌部位和面积，拆砌过程应采取必要的安全防护措施，保持主墙体的稳定。墙面砖体碎裂或酥碱严重的，可以采取局部挖补剔补的方法，选择同样规格的红砖，将碎裂或风化酥碱严重的砖体剔凿平整，采用强力结构胶进行剔补或粘补，留出灰缝用白灰勾抹平整。施工中注意观察后补土与原墙面结合存在的问题，及时修正措施。

针对墙面裂缝（宽度为 <2 厘米），以灌浆加固为主，加固前需对裂缝进行清掏，以便灰浆灌注饱满。

3. 坍塌塔檐

首先，把坍塌部位的杂土、碎砖、灰渣等清理干净，针对较大裂缝及局部坍塌的墙体，对开裂及坍塌部位进行局部拆除至完好、稳定部位，用与原红砖制式相同的红砖剔补及重砌，砌筑以传统石灰江米浆（江米汁：石灰浆：白矾 =330：1：1.1）粘接。同时，砌筑时严格控制接缝，灰浆需 100% 饱满。其次，对开裂、坍塌的塔檐局部重砌。重砌时需保证上、下枭迭涩青砖的整体性，砌筑同样以传统石灰江米浆粘接。根据勘察报告中对于瑞光塔现状残损的分析。

将明确能够找到原位并且可以基本完整拼合的构件复位；

将能够找到原位但破碎过于严重而无法拼接的构件，按原状复制，并复位，将其原件交博物馆展示保存；

将无法找到原位，并难以拼合的构件，在当地文物管理所妥善保管。并在补配及原构件复原的位置立说明标牌。

4.塔内短梁及塔心柱

因三层以上内筒壁十分狭小，现场无法进入勘察，塔心柱及内壁残损情况不明，待施工后详细补充勘察，制定处理措施。现在制定初步措施如下：对局部开裂、糟朽的进行挖补处理，对短梁梁进行加固处理。木构件进行防虫、防腐处理，使用材料为二硼合剂，配方（重量比）为：硼酸40%、硼砂40%、重铬酸钾20%。

5.佛龛及券

对佛龛及券变形的做局部拆除后重新拼砌，对开裂部分（裂缝宽度为5毫米～20毫米）灌浆加固处理。对于塔体第二层正面券洞后开洞口，修缮时将补砌恢复原貌。

（二）修缮措施

1.塔基

残损现状：塔基为花岗岩石材砌筑；表面风化严重，浮雕图案不清晰；石材多处断裂，宽度达4厘米；石材裂缝处现为水泥砂浆进行勾缝；局部有砺灰砂浆封护石材表面；石材阴暗潮湿，局部污渍；入口台阶发生位移，水泥砂浆勾缝加固。

修缮措施：将石缝内积土、水泥砂浆清除干净，用油灰重新勾抿严实，材料重量配比为：蛎灰:生桐油:麻刀=100:20:8；归安入口台阶，蛎灰浆坐浆加固，油灰（配比如上）勾缝；清除石材表面砺灰砂浆和酥碱部分。对石材裂缝用油灰重新勾抿严实（配比如上）。

做法名称：墙基-1

2.塔内地面

残损现状：红色地砖290毫米×290毫米×18毫米，对缝铺装，缝宽30毫米；后期铺砖地面，具体时间不详；一层入口地面为水泥地面；地面灰土覆盖，废弃物堆积。

修缮措施：清除塔内废弃物，清扫地面；原有地面形式无可考依据，地面形式保持现状；补配缺失地砖。

做法名称：地面 –2

3. 塔身

残损现状：红砖砌筑墙体，蛎灰抹面；塔身向南倾斜；外墙面抹灰局部开裂；外墙面抹灰大面积脱落，裸露砖体，酥碱风化严重；三、四、五层塔檐抹灰发黑；外墙面上布满铁钉；内墙面乱刻乱画现象严重，墙面抹灰局部脱落，裸露砖体。

修缮措施：塔体基础加固、纠偏方案另案处理。墙面抹灰开裂处理，适当铲除裂缝周边的抹灰，查看内部砖体是否开裂；用高压喷枪清理墙体表面和裂缝内的灰尘，并将墙面和裂缝内用水湿润至饱和；用高压喷枪向裂缝内灌注高强度黏合剂；按原做法对裂缝周边墙面进行抹灰修补。内外墙面抹灰脱落处理，补抹抹灰时应先将墙面灰尘清除干净，墙面用水淋湿，然后按原做法分层，按原厚度抹制，赶压坚实。墙面乱刻乱花现象因本次项目为抢险加固工程，暂不予处理；拔除铁钉，产生抹灰破坏时补抹墙面。

做法名称：墙体 –1；墙体 –2；墙体 –3

备注：一层墙体为中部碎砖、瓦填芯，两侧整砖糙砌；其余各层墙体形式未知。

4. 塔刹

残损现状：砖砌宝葫芦，蛎灰抹面；外表面抹灰发黑；外表面抹灰产生裂缝、空鼓。

修缮措施：因需要抽取塔心柱，应将塔刹进行拆除；安装完塔心柱后，重新砌筑塔刹，表面抹灰。

5. 塔檐

残损现状：檐子为多层直檐，即叠涩出檐；檐下砖斗拱挑出；三层、四层塔檐塌落；砖斗拱缺失、损坏 6 攒。

修缮措施：对塌落和损坏的砖构件进行复制；将坍塌部位的杂草、碎砖、灰渣等清理干净，局部拆砌至完好、稳定部位，用与原红砖形制相同的红砖剔补及重砌，砌筑以传统灰浆粘接。同时砌筑时严格控制接缝，灰浆需 100% 灌注饱满。重砌时保证叠涩红砖的整体性，并在间隔 3 层后打入钢板（厚 3 毫米～5 毫米，宽 100 毫米～150毫米），既起到连接新砌墙体与原塔体的作用，又起到对新砌墙体的支撑作用。

6. 瓦面

残损现状：红色筒板瓦瓦面；四层、五层瓦面杂草丛生；塔檐塌落，瓦件缺失；历经多次维修，瓦件规格、样式不统一；局部勾头损坏。

修缮措施：人工清除所有瓦面杂草；四层塔檐及塔顶需全部调顶揭瓦，其余各层局部揭瓦；瓦垄夹腮：将瓦垄两腮睁眼上的苔藓、土或已松动的旧灰铲除干净并用水冲净、淋湿，破碎的瓦件及时更换或黏结，然后用油灰将裂缝处及坑洼处塞严找平，再沿筒瓦的两腮用瓦刀抹一层夹垄灰；筒瓦捉节：将脱节的部分清理干净并用水冲净淋湿，用油灰将缝塞严勾平；抽换、黏结板瓦：将上部板瓦和两边的筒瓦撬松，取出坏瓦，并将底瓦泥铲掉，黏结或补配板瓦按原样瓦好；被撬动的筒瓦进行夹腮；更换、黏结筒瓦：将破瓦拿掉并铲掉筒瓦泥，用水淋湿接槎处后铺灰将黏结好的瓦或新瓦重新瓦好，接槎处要勾抹严实；补配、烧制缺失的瓦件，样式、规格参见施工图纸。

做法名称：瓦面 -1

备注：挑选瓦件：筒瓦四角完整或残损部分在瓦高 1/3 以下为可用瓦件；板瓦缺角不超过瓦宽的 1/6，后尾残长在瓦长 2/3 以上的列为可用瓦件；筒瓦、板瓦断裂为二段槎口能对齐的，进行黏接（环氧树脂，配比为 E-44 环氧树脂:乙二胺:石粉=100:6 ~ 8:20）继续使用，其余碎裂的瓦件进行更换。

7. 塔心柱

残损现状：因勘查现场条件约束，不能对塔心柱进行全面勘察，待条件允许情况下再制定详细处理措施三层至五层塔心室竖立一根塔心柱；塔心柱（杉木）受白蚁侵害严重，木材表面呈层片状破坏。

修缮措施：塔心柱初步措施，拆除塔刹，抽取塔心柱；剔补塔心柱表面糟朽部位，并进行防虫、防腐处理，使用材料为二硼合剂，配方（重量比）为：硼酸 40%，硼砂 40%，重铬酸钾 20%；对塔心柱涂刷防火涂料。重新安装塔心柱，并砌筑塔刹。

做法名称：塔心柱 -1

备注：应考虑塔柱子因柱根糟朽下沉而高度降低的情况，进行墩接处理，墩接长度以实际量测为准。

8. 院落整治

残损现状：现院落地面为卵石地面；塔体由铁艺围栏进行围护；现院落堆积残砖、

碎瓦；院落围栏周边存积雨水；铁艺围栏内杂草丛生，有碍景观。

修缮措施：清理院落残砖、碎瓦，挑拣较完整能继续使用的砖瓦，进行归类码放，待修补塔檐、瓦面时最大限度的利用；按现存地面做法，重做院落地面，向四周自然排水。

做法名称：地面 -2

（三）修缮工艺做法

1. 塔基 -1

名称：塔基

用料及分层做法：须弥座高 940 毫米；毛石砌体厚 300 毫米；花岗岩石材厚 250 毫米；花岗岩石材厚 300 毫米；夯土垫层。

2. 地面 -1

名称：塔内地面

用料及分层做法：红色方砖对缝铺装，规格 290 毫米 ×290 毫米 ×18 毫米，缝宽 30；三合土（蛎灰、砂、红土加入红糖水、糯米浆夯实）厚 60 毫米；垫层（蛎灰渣、砂、红土夯实）厚 30 毫米。

3. 墙体 -1

名称：墙体

用料及分层做法：红砖全顺砌筑，局部陡砌，蛎灰浆勾缝；砖 1：430 毫米 ×150 毫米 ×77 毫米；砖 2：300 毫米 ×105 毫米 ×50 毫米。

备注：一层墙芯组成：蛎灰渣、砂、红土加入红糖水、糯米浆、碎砖块、碎瓦砾。

4. 墙体 -2

名称：外套筒墙面抹灰

用料及分层做法：纸筋灰（蛎灰：纸筋 =100：10）厚 5 毫米；蛎灰砂浆（蛎灰渣、砂、红土搅拌）厚 20 毫米。

5. 墙体 -3

名称：内套筒墙面抹灰

用料及分层做法：纸筋灰（蛎灰：纸筋 =100：10）厚 5 毫米；蛎灰砂浆（蛎灰渣、

砂搅拌）厚 20 毫米。

6. 瓦面 –1

名称：瓦面

用料及分层做法：筒瓦：长 200 毫米 × 宽 105 毫米 × 厚 10 毫米；板瓦：长 315 毫米 × 285 毫米 × 厚 25 毫米；勾缝灰为油灰，不掺麻刀，蛎灰与生桐油的重量比为 1 : 1；砂灰打底，砺灰 : 砂（体积比）=1 : 3。

备注：瓦面有勾头，无滴水

7. 塔心柱 –1

名称：塔心柱

用料及分层做法：杉木

8. 地面 –2

名称：院落地面

用料及分层做法：卵石地面厚 80 毫米；细砂厚 70 毫米；碎砖渣土厚 200 毫米；夯土垫层。

（四）修缮工程注意事项

1. 为确保工程的顺利进行，安全工作必须放在首要位置，包括人的安全和文物本体的安全。

2. 本工程其他内容应在塔基加固和纠偏工作结束后施行。

3. 施工过程中，认真做好施工日志，对施工期间的新发现、新问题进行图、文和影像实录，并与施工设计说明及图纸相对照，及时与建设单位、监理单位、设计单位沟通，共同协商解决。

4. 新换构件必须与原制在材种、工艺等方面一致，尤其是砖斗拱的细部尺寸，做到统一规整，符合原制。

5. 砖斗拱结构复杂，为重点修复项目，拆除时要绘制构件拆除编号草图和构件登记表，分层登记编号，以便检修、码放、补配、安装。

6. 应最大限度地减少原有构件的更换，确实无法继续使用者，照原样复制，并将替换下的构件妥善保管。

7. 要最大限度地收集和使用原有材料。对于所需砖材料，要求尺度准确，棱角规制，无残无裂，色调一致。

8. 瓦面历经后期多次维修，出现瓦件混杂的现象，筒瓦尺寸不统一，颜色一致而勾头花纹杂乱。揭瓦瓦面前应仔细分辨，并详细记录规格、数量、位置。

9. 清理、挑选瓦件时，考虑到古代的手工操作的生产方式，瓦件尺寸偏差较大，挑选时应考虑到允许偏差，按不同规格进行码放。

10. 对于不同规格的瓦件，只要坚固，就应继续使用，瓦瓦时相同规格的瓦件用在同一坡瓦面。

11. 挑选瓦件后，做出详细表格，写明瓦件应有数量，现存完整、粘接的数量及需要更换的数量。

12. 抽取、安装塔心柱时施工难度大，施工单位应提前制定操作方案。

第二章 修缮设计图纸

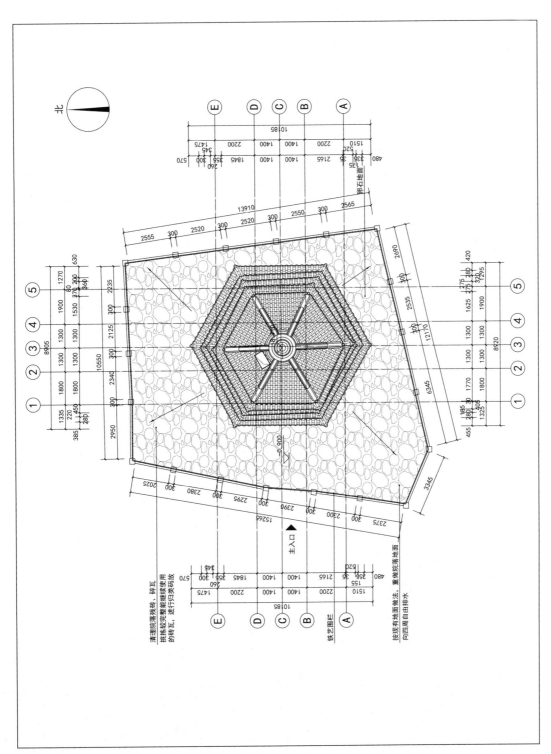

图 3-2-1 安平桥（五里桥）总平面图

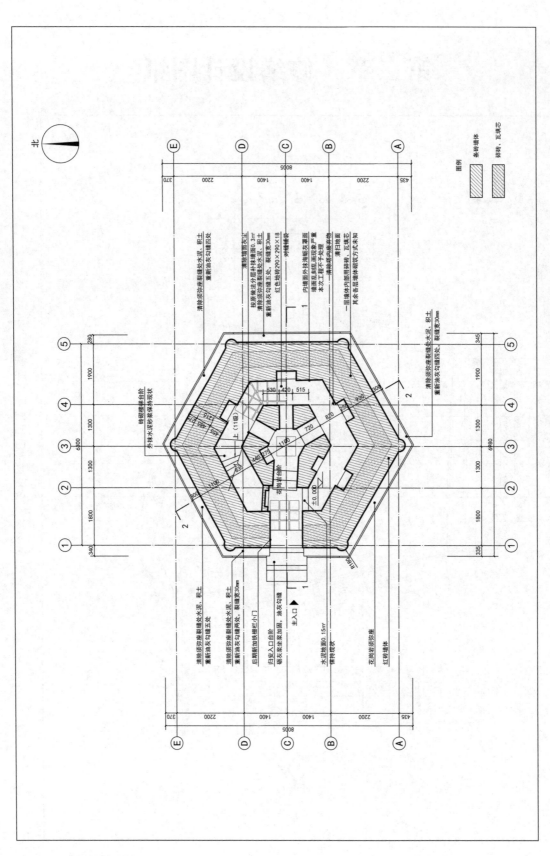

图3-2-2 安平桥(五里桥)一层平面图

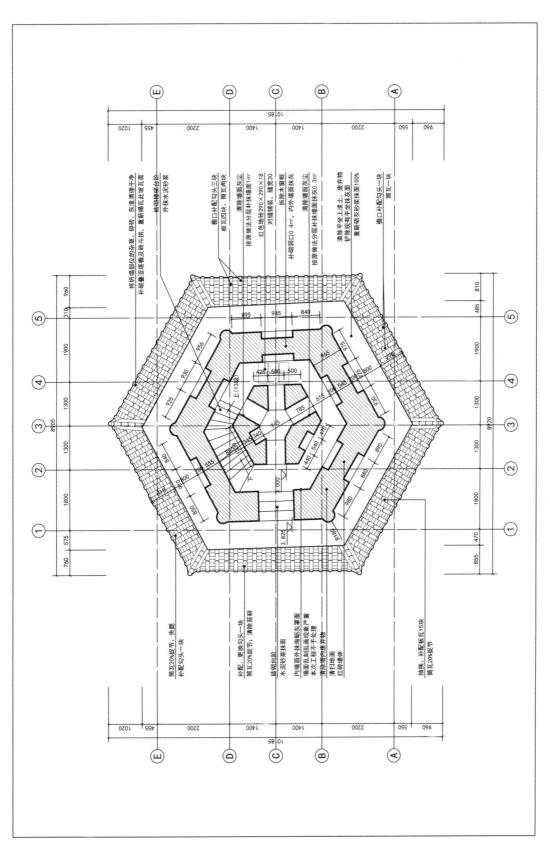

图 3-2-3 安平桥（五里桥）二层平面图

123

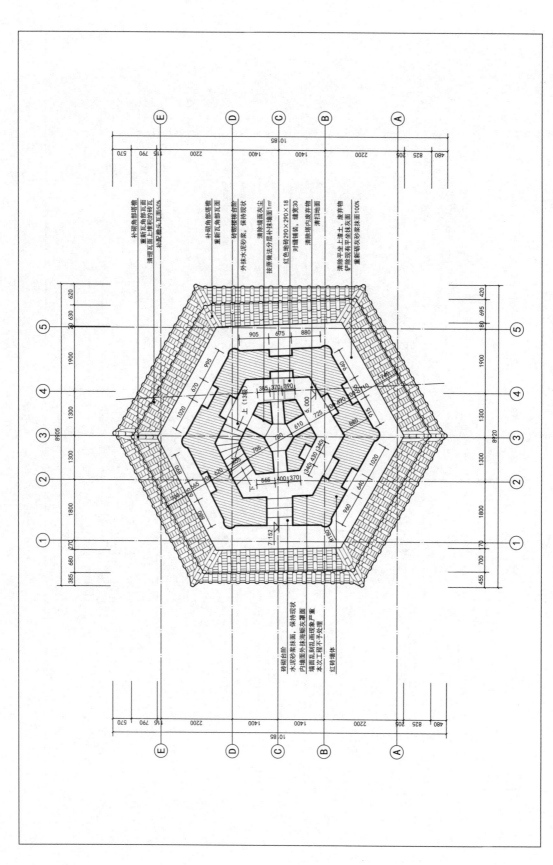

图 3-2-4 安平桥（五里桥）三层平面图

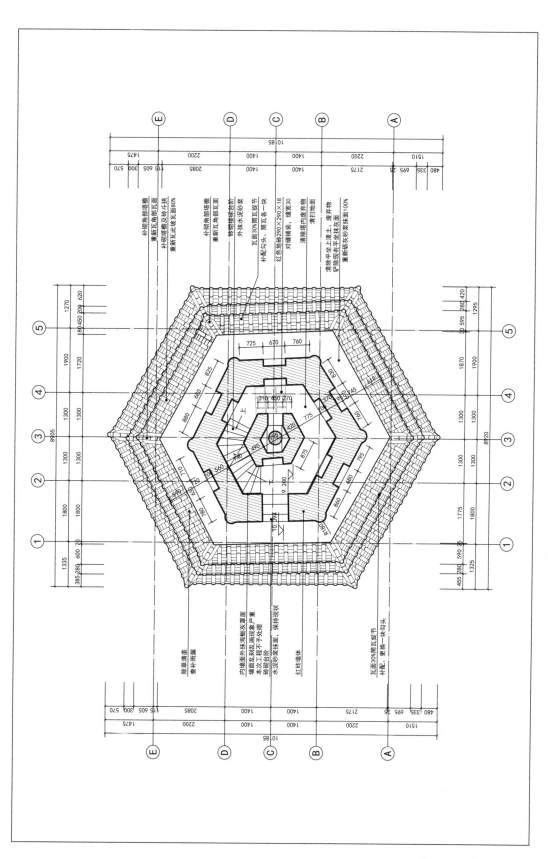

图 3-2-5 安平桥（五里桥）四层平面图

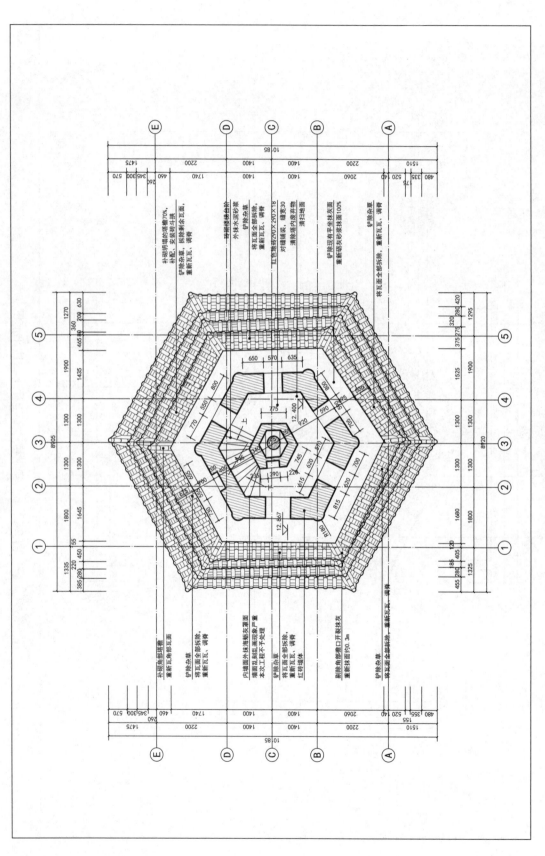

图 3-2-6 安平桥（五里桥）五层平面图

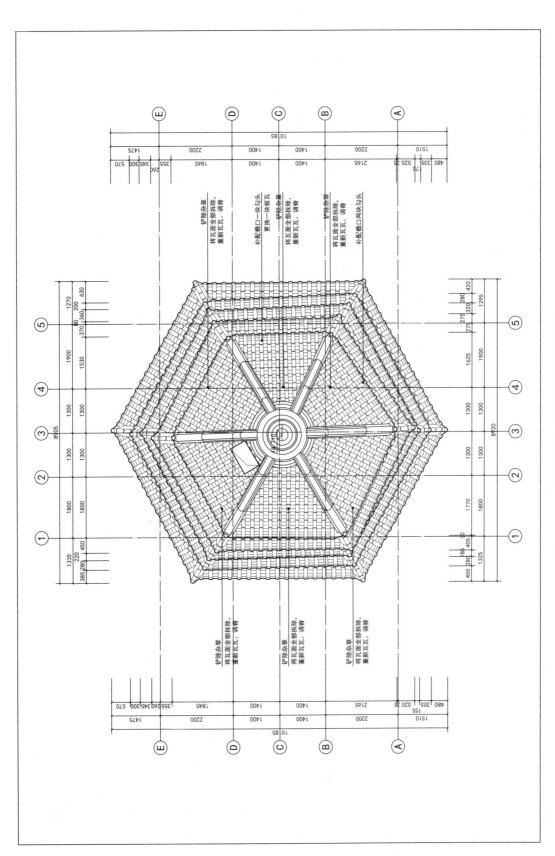

图 3-2-7 安平桥（五里桥）塔顶平面图

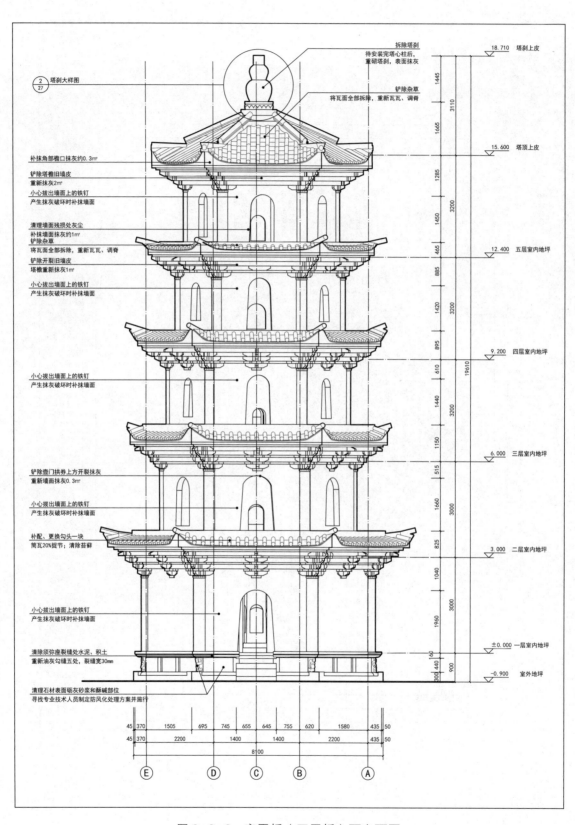

拆除塔刹
待安装完塔心柱后，
重砌塔刹，表面抹灰

铲除杂草
将瓦面全部拆除，重新瓦瓦、调脊

2/27 塔刹大样图

补抹角部檐口抹灰约0.3㎡

铲除塔檐旧墙皮
重新抹灰2㎡

小心拔出墙面上的铁钉
产生抹灰破坏时补抹墙面

清理墙面残损处灰尘
补抹墙面抹灰约1㎡
铲除杂草
将瓦面全部拆除，重新瓦瓦、调脊
铲除开裂旧墙皮
塔檐重新抹灰1㎡

小心拔出墙面上的铁钉
产生抹灰破坏时补抹墙面

小心拔出墙面上的铁钉
产生抹灰破坏时补抹墙面

铲除壶门拱券上方开裂抹灰
重新墙面抹灰0.3㎡

小心拔出墙面上的铁钉
产生抹灰破坏时补抹墙面

补配、更换勾头一块
筒瓦20%提节；清除苔藓

小心拔出墙面上的铁钉
产生抹灰破坏时补抹墙面

清除须弥座裂缝处水泥、积土
重新油抹勾缝五处，裂缝宽30mm

清理石材表面硌灰砂浆和酥碱部位
寻找专业技术人员制定防风化处理方案并施行

18.710 塔刹上皮

15.600 塔顶上皮

12.400 五层室内地坪

9.200 四层室内地坪

6.000 三层室内地坪

3.000 二层室内地坪

±0.000 一层室内地坪

-0.900 室外地坪

图 3-2-8 安平桥（五里桥）西立面图

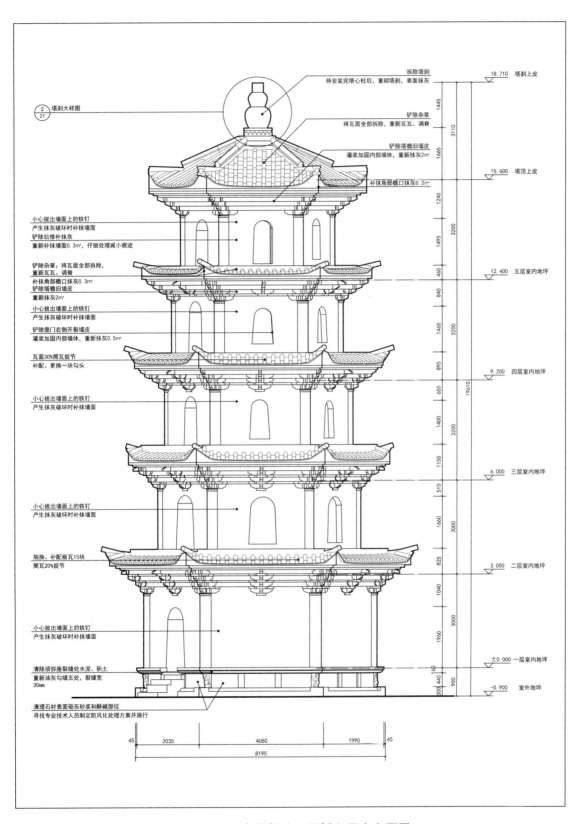

拆除塔刹
待安装完塔心柱后,重砌塔刹,表面抹灰

18.710　塔刹上皮

铲除杂草
将瓦面全部拆除,重新瓦布、调脊

铲除塔檐旧墙皮
灌浆加固内部墙体,重新抹灰2㎡

15.600　塔顶上皮

补抹角部檐口抹灰0.2㎡

塔刹大样图
2/27

小心拔出墙面上的铁钉
产生抹灰破坏时补抹墙面
铲除后修补抹灰
重新补抹墙面0.3㎡,仔细处理减小痕迹

12.400　五层室内地坪

铲除杂草;将瓦面全部拆除,
重新瓦布、调脊
补抹角部檐口抹灰0.3㎡
铲除塔檐旧墙皮
重新抹灰2㎡
小心拔出墙面上的铁钉
产生抹灰破坏时补抹墙面
铲除壶门右侧开裂墙皮
灌浆加固内部墙体,重新抹灰0.5㎡

瓦面30%筒瓦捉节
补配、更换一块勾头

9.200　四层室内地坪

小心拔出墙面上的铁钉
产生抹灰破坏时补抹墙面

6.000　三层室内地坪

小心拔出墙面上的铁钉
产生抹灰破坏时补抹墙面

抽换、补配板瓦15块
筒瓦20%捉节

3.000　二层室内地坪

小心拔出墙面上的铁钉
产生抹灰破坏时补抹墙面

±0.000　一层室内地坪

清除须弥座裂缝处水泥、积土
重新油灰勾缝五处,裂缝宽
30mm

-0.900　室外地坪

清理石材表面砌灰砂浆和酥碱部位
寻找专业技术人员制定防风化处理方案并施行

图 3-2-9　安平桥(五里桥)西南立面图

129

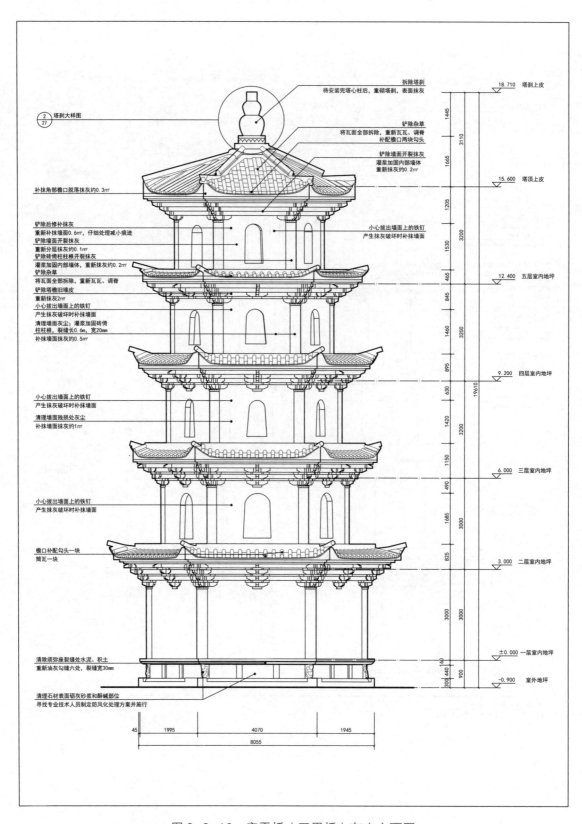

图 3-2-10 安平桥（五里桥）东南立面图

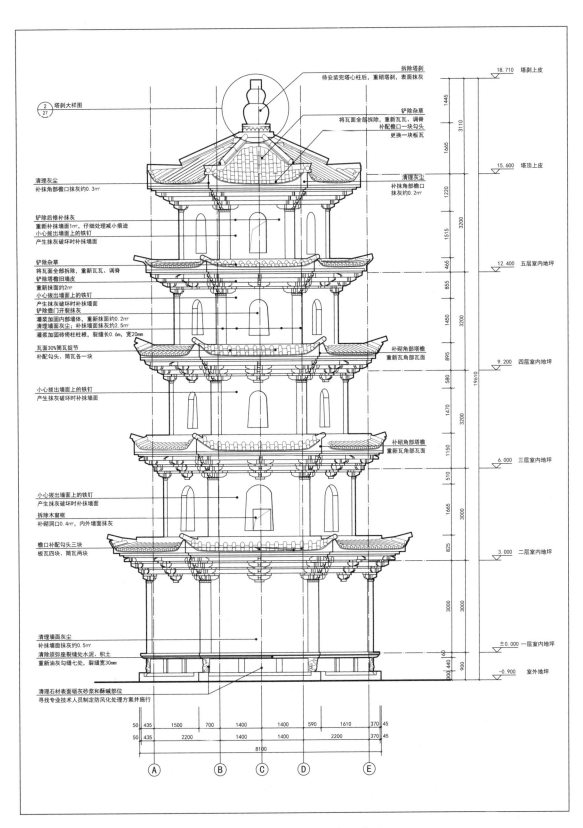

图 3-2-11 安平桥（五里桥）东立面图

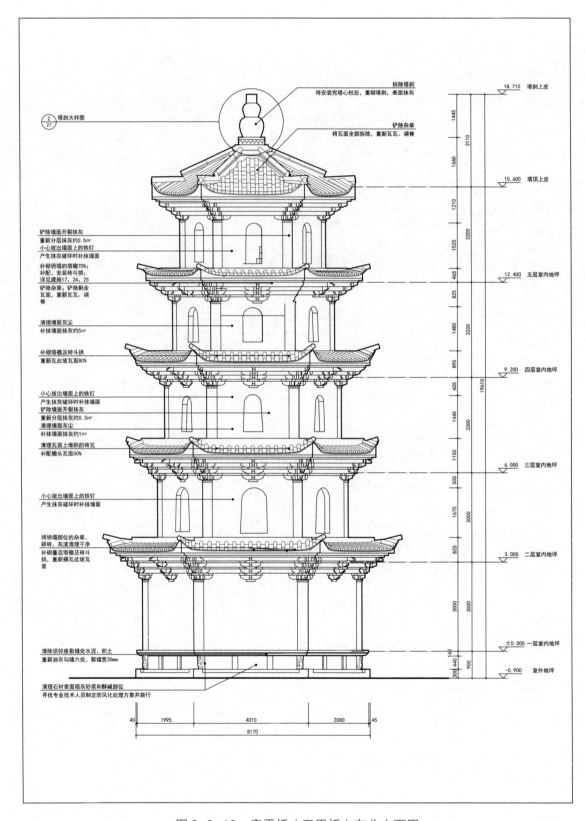

拆除塔刹
待安装完塔心柱后，重砌塔刹，表面抹灰

铲除杂草
将瓦面全部拆除，重新瓦瓦、调脊

②塔刹大样图
27

铲除墙面开裂抹灰
重新分层抹灰约0.5m²
小心拔出墙面上的铁钉
产生抹灰破坏时补抹墙面

补砌坍塌的塔檐70%；
补配、安装砖斗拱；
详见建施17、24、25
铲除杂草；铲除剩余
瓦面，重新瓦瓦、调脊

清理墙面灰尘
补抹墙面抹灰约5m²

补砌塔檐及砖斗拱
重新瓦此坡瓦面80%

小心拔出墙面上的铁钉
产生抹灰破坏时补抹墙面
铲除墙面开裂抹灰
重新分层抹灰约0.3m²
清理墙面灰尘
补抹墙面抹灰约1m²

清理瓦面上堆积的砖瓦
补配檐头瓦面50%

小心拔出墙面上的铁钉
产生抹灰破坏时补抹墙面

将坍塌部位的杂草、
碎砖、灰渣清理干净
补砌叠涩塔檐及砖斗
拱，重新揭瓦此坡瓦
面

清除须弥座裂缝处水泥、积土
重新油灰勾缝六处，裂缝宽30mm

清理石材表面碉灰砂浆和酥碱部位
寻找专业技术人员制定防风化处理方案并施行

18.710 塔刹上皮
1445
3110
1665
15.600 塔顶上皮
1210
3200
1525
12.400 五层室内地坪
465
825
1480
9.200 四层室内地坪
895
19610
605
1445
6.000 三层室内地坪
505
1670
3.000 二层室内地坪
825
3000
±0.000 一层室内地坪
160
440
900
300
-0.900 室外地坪

40 1995 4010 2080 45
8170

图 3-2-12 安平桥（五里桥）东北立面图

132

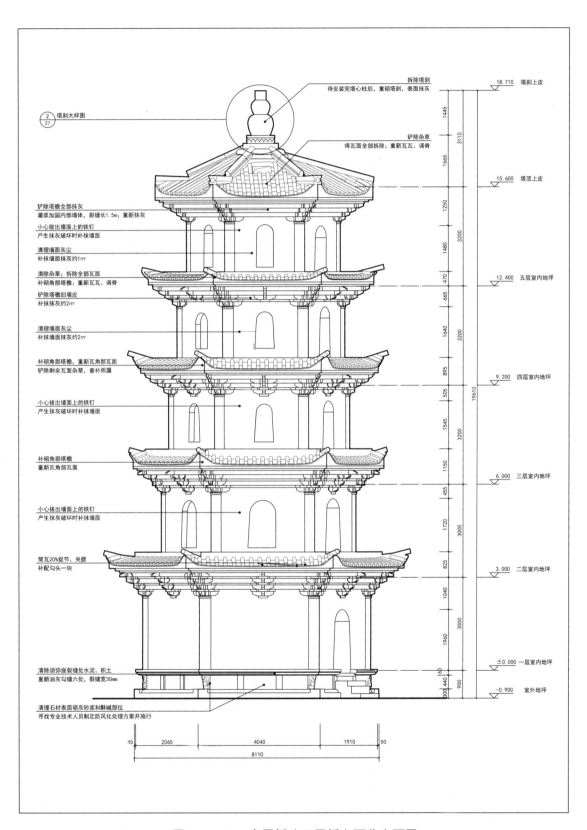

拆除塔刹
待安装完塔心柱后，重砌塔刹，表面抹灰

② 塔刹大样图
27

铲除杂草
将瓦面全部拆除；重新瓦瓦、调脊

铲除塔檐全部抹灰
灌浆加固内部墙体，裂缝长1.5m；重新抹灰

小心拔出墙面上的铁钉
产生抹灰破坏时补抹墙面

清理墙面灰尘
补抹墙面抹灰约1㎡

清除杂草；拆除全部瓦面
补砌角部塔檐；重新瓦瓦、调脊

铲除塔檐旧墙皮
补抹抹灰约2㎡

清理墙面灰尘
补抹墙面抹灰约2㎡

补砌角部塔檐，重新瓦瓦角部瓦面
铲除剩余瓦面杂草，查补雨漏

小心拔出墙面上的铁钉
产生抹灰破坏时补抹墙面

补砌角部塔檐
重新瓦瓦角部瓦面

小心拔出墙面上的铁钉
产生抹灰破坏时补抹墙面

筒瓦20%捉节、夹腰
补配勾头一块

清除须弥座裂缝处水泥、积土
重新油灰勾缝六处，裂缝宽30mm

清理石材表面砬灰砂浆和酥碱部位
寻找专业技术人员制定防风化处理方案并施行

18.710 塔刹上皮

1445
3110

15.600 塔顶上皮

1665
1250

12.400 五层室内地坪
3200
1480
470

9.200 四层室内地坪
665
1640
895

19610
6.000 三层室内地坪
505
3200
1545

3.000 二层室内地坪
1150
3000
455
1720

±0.000 一层室内地坪
825
3000
1040
1960

-0.900 室外地坪
160
300 440
900

45 2065 4040 1910 50
8110

图 3-2-13 安平桥（五里桥）西北立面图

133

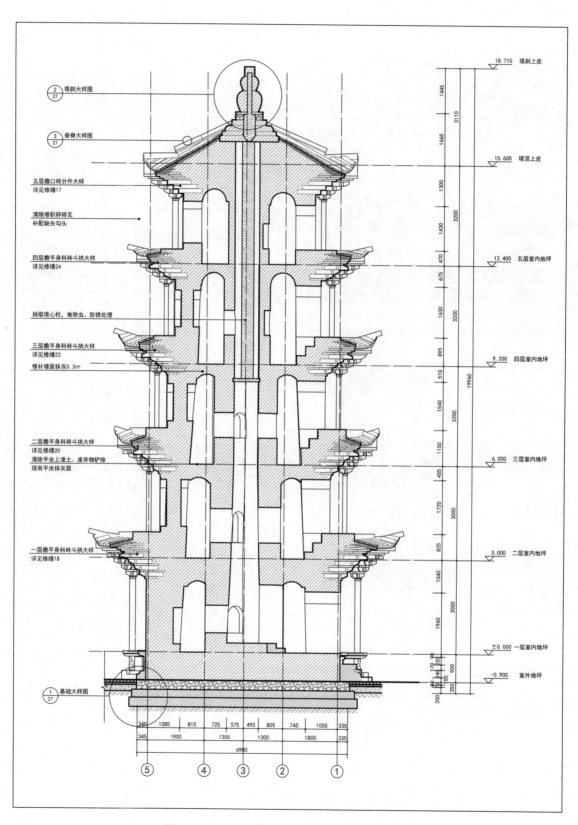

图 3-2-14　安平桥（五里桥）1-1 剖面图

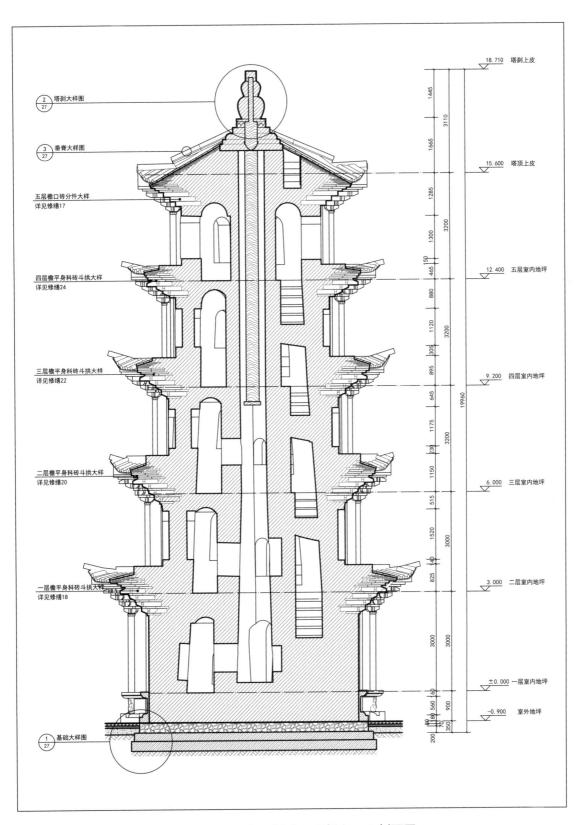

图 3-2-15　安平桥（五里桥）2-2 剖面图

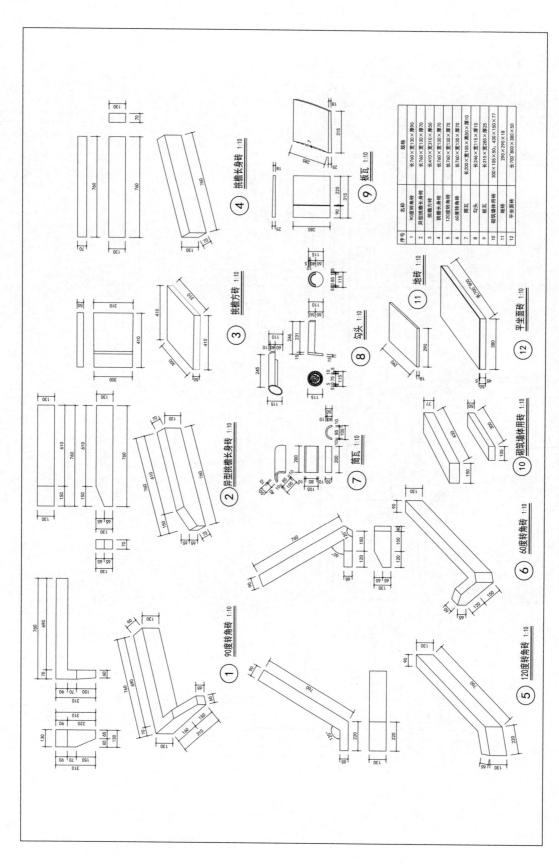

图 3-2-16 安平桥（五里桥）砖、瓦分件大样图

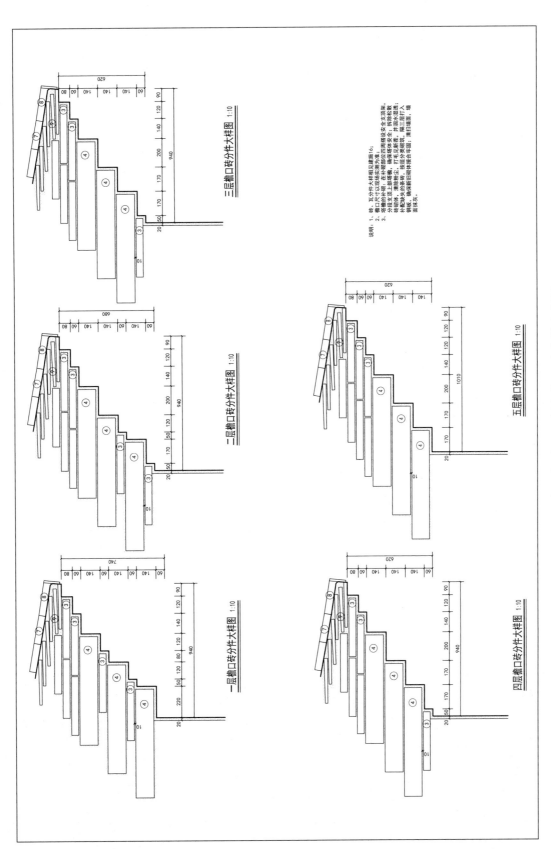

图 3-2-17　安平桥（五里桥）檐口砖分件大样图

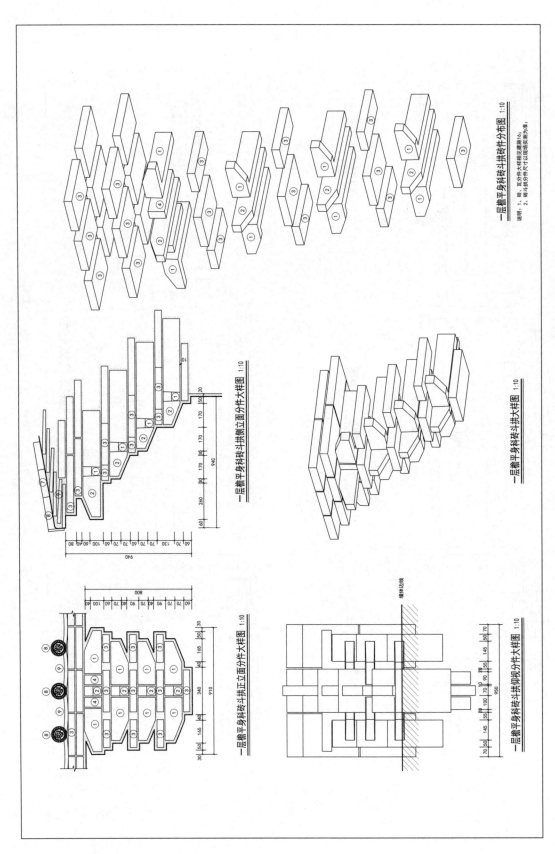

一层檐平身科砖斗拱件分布图 1:10

说明：1、砖、瓦分件大样相见建筑16；
　　　2、砖斗拱分件尺寸以现场实测为准；

一层檐平身科砖斗拱侧立面分件大样图 1:10

一层檐平身科砖斗拱大样图 1:10

一层檐平身科砖斗拱正立面分件大样图 1:10

一层檐平身科砖斗拱仰视分件大样图 1:10

图 3-2-18　安平桥（五里桥）一层檐平身科砖斗拱大样图

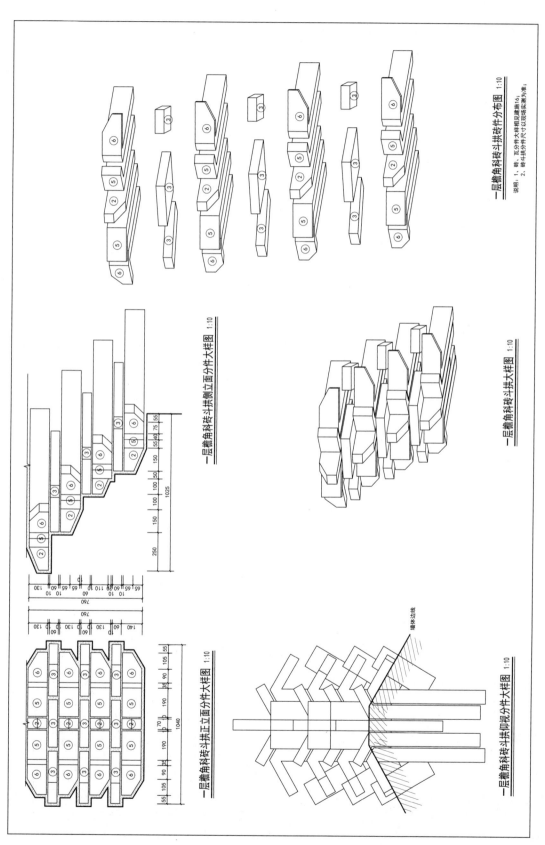

图 3-2-19　安平桥（五里桥）一层檐角科砖斗拱大样图

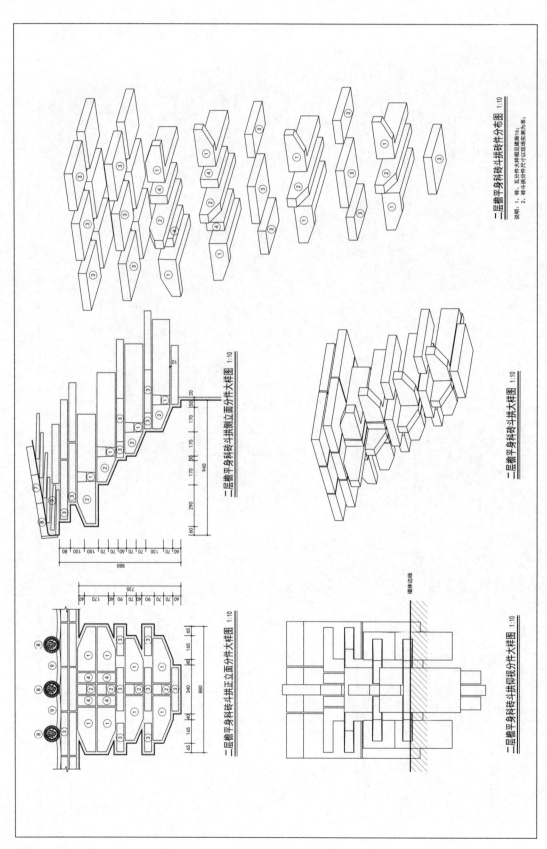

二层墙平身科砖斗拱砖件分布图 1:10

说明：1、砖、瓦分件大样相见图集16；
2、转斗拱分件尺寸以现场实测为准；

一层墙平身科砖斗拱侧立面分件大样图 1:10

二层墙平身科砖斗拱大样图 1:10

一层平身科砖斗拱立正面分件大样图 1:10

二层墙平身科砖斗拱仰视分件大样图 1:10

图 3-2-20　安平桥（五里桥）二层檐平身科砖斗拱大样图

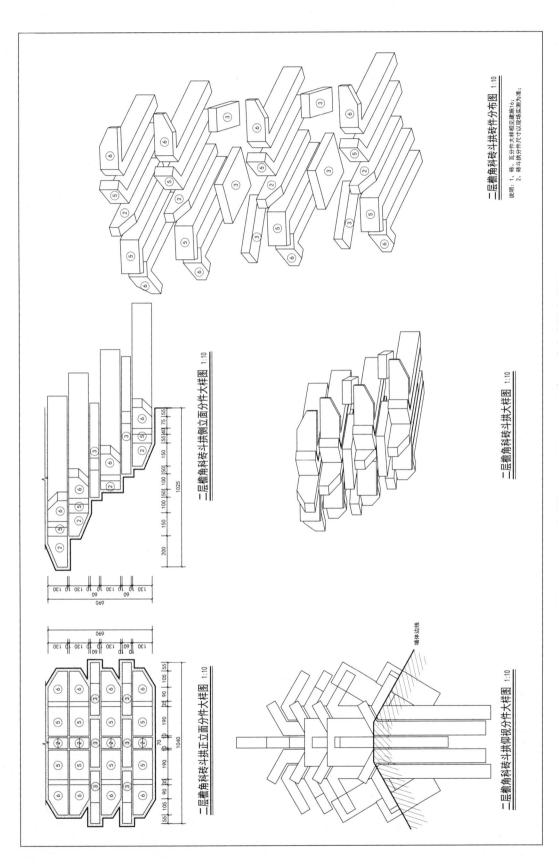

二层檐角科砖斗拱砖件分布图 1:10

说明：1、砖、瓦分件大样相见建墙16；
2、砖斗拱分件尺寸以现场实测为准；

二层檐角科砖斗拱侧立面分件大样图 1:10

二层檐角科砖斗拱大样图 1:10

二层檐角科砖斗拱正立面分件大样图 1:10

二层檐角科砖斗拱仰视分件大样图 1:10

图3-2-21 安平桥（五里桥）二层檐角科砖斗拱大样图

141

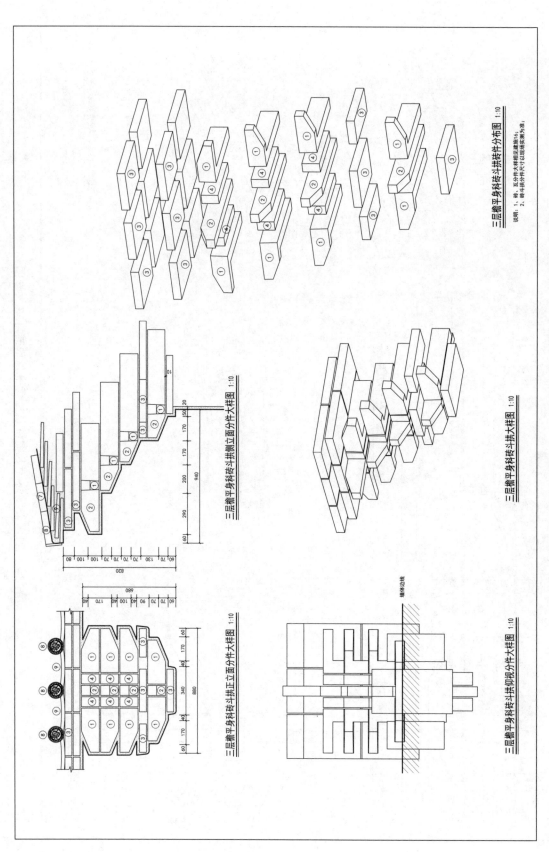

图 3-2-22 安平桥（五里桥）三层檐平身科砖斗拱大样图

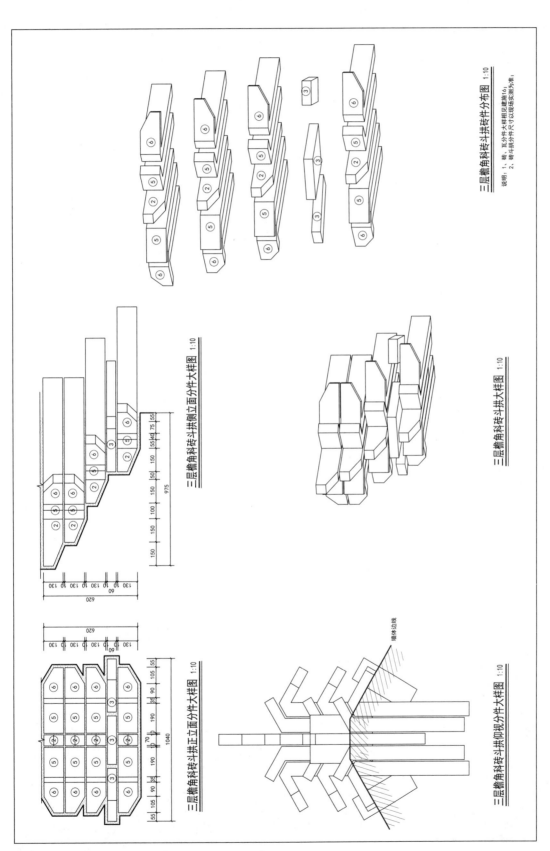

三层檐角科砖斗拱砖件分布图 1:10

说明：1、砖、瓦分件大样相见建施16；
2、砖斗拱分件尺寸以现场实测为准；

三层檐角科砖斗拱侧立面分件大样图 1:10

三层檐角科砖斗拱大样图 1:10

三层檐角科砖斗拱正立面分件大样图 1:10

三层檐角科砖斗拱仰视分件大样图 1:10

图 3-2-23　安平桥（五里桥）四层檐角科砖斗拱大样图

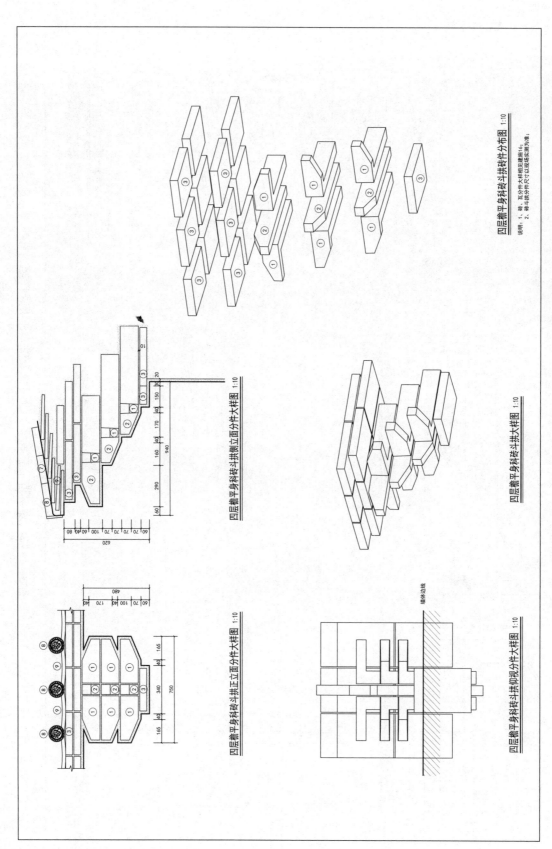

四层檐平身科砖斗拱砖件分布图 1:10

说明: 1. 砖、瓦分件大样见建筑图16;
2. 砖斗拱分件尺寸以现场实测为准。

四层檐平身科砖斗拱侧立面分件大样图 1:10

四层檐平身科砖斗拱大样图 1:10

四层檐平身科砖斗拱正立面分件大样图 1:10

四层檐平身科砖斗拱仰视分件大样图 1:10

图3-2-24 安平桥(五里桥)四层檐平身科砖斗拱大样图

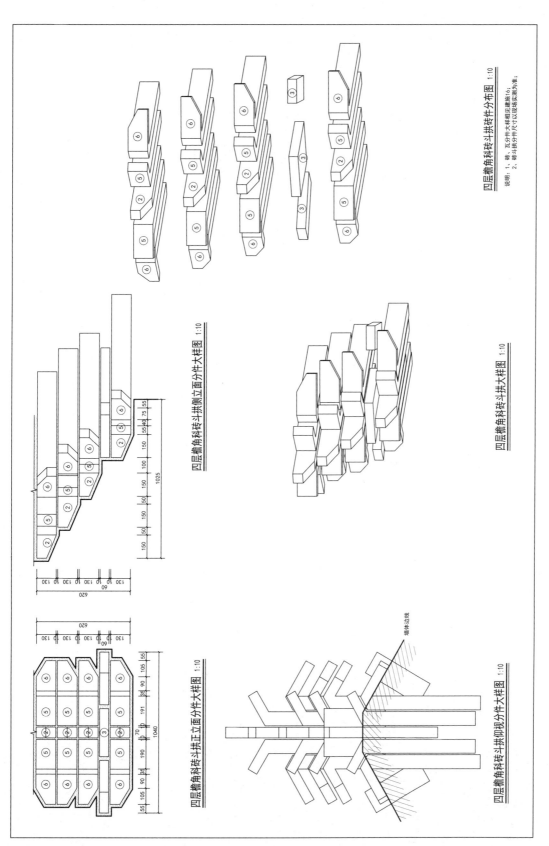

图 3-2-25　安平桥（五里桥）凹层檐角科砖斗拱大样图

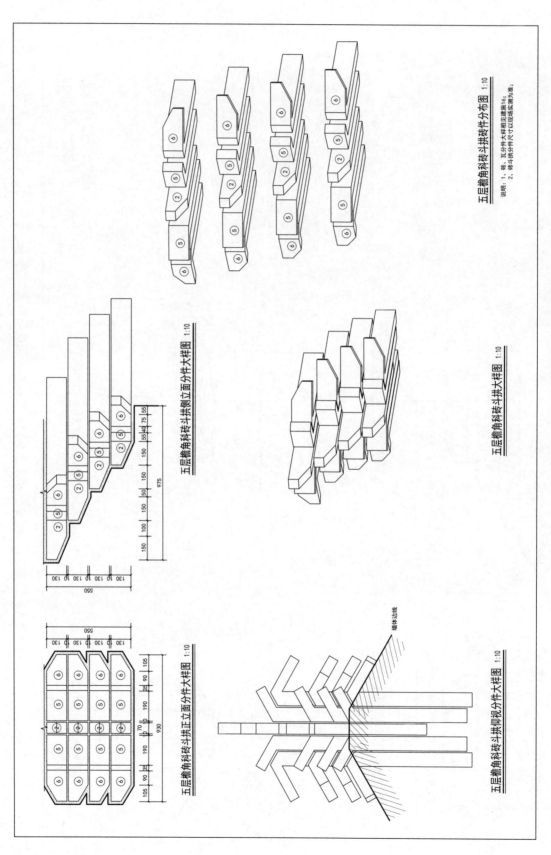

图 3-2-26 安平桥（五里桥）五层檐角科砖斗拱大样图

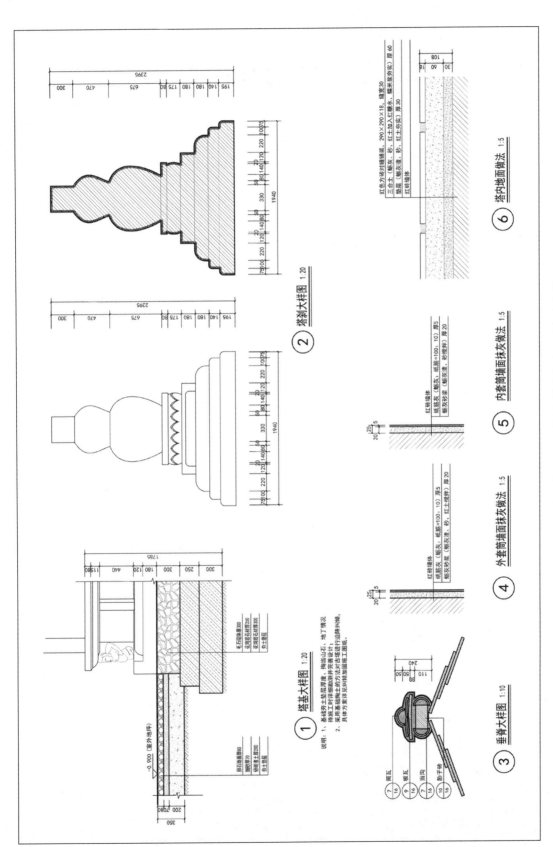

图 3-2-27 安平桥（五里桥）塔身细部及基础大样

第三章 结构加固方案

一、结构加固纠偏方案

（一）概述

1. 工程概况

瑞光塔位于福建省晋江市安海镇鸿江西路附近，三圣宝殿北侧。古塔由砖砌而成，基础为条石基础，采用浅基，占地面积 42.87 平方米，总建筑面积 186 平方米。现发现该古塔主体结构发生倾斜，塔身向西南侧倾斜 0.66 度。

2. 加固方法

（1）上部结构的加固：为了保证迫降过程中古塔的安全，在纠倾前对上部结构采用钢结构进行临时支撑。

（2）地基基础的加固：将原基础截面扩大，并在建筑物外围增加侧限桩（PC 桩）。

（3）建筑物的纠倾：采用掏土的方法对古塔进行迫降纠倾。

（二）结构加固设计依据

表 3-3-1

建筑结构荷载规范	（GB 50009-2012）
砌体结构设计规范	（GB 50003-2011）
砌体结构加固设计规范	（GB50702-2011）
混凝土结构加固设计规范	（GB50367-2013）
建筑抗震设计规范	（GB 50011-2010）

续　表

建筑地基基础设计规范	（GB50007–2011）
建筑地基处理技术规范	（JGJ79–2002）
既有建筑地基基础加固技术规范	（JGJ 123–2012）
先张法预应力混凝土管桩	（GB13476）
先张法预应力混凝与管桩基础规程	（DGJ32T J109–2010）
预应力混凝土管桩	（10G409）
建筑物倾斜纠偏技术规程	（JGJ 270–2012）
图集《砖混结构加固与修复》	（03SG611）
《晋江市安海镇瑞光塔》图纸及相关技术资料	
《晋江市安海镇瑞光塔纠倾加固工程岩土工程勘察报告》（详细勘察）	

（三）主要结构材料：

1. 混凝土强度等级 C 桩混凝土强度等级为 C60，新增承台梁及基础扩宽部分混凝土强度等级采用 C30 基础垫层的混凝土强度等级采用 C10。

2. 混凝土最小保护层厚度：基础扩宽部分及承台梁：50 毫米；PC 桩：30 毫米。

3. 钢筋

（1）基础扩截面部分采用 HRB400 级 Φ，fy=360N/ 平方毫米；

（2）PC 桩主筋采用预应力混凝土用钢棒，其质量应符合 GB/15223.3 中低松弛螺旋槽钢棒的规定，且抗拉强度不小于 1420MPa，规定非比例延伸强度不小于 1280MPa，断后伸长率不应大于 GB/15223.3–2005 中延性 35 级的规定要求。

（3）PC 桩用螺旋筋采用冷拔低碳钢丝，其质量应符合《混凝土制品用冷拔低碳钢丝》JC/T 540 的有关规定。

4. 钢材

（1）PC 桩桩尖采用的钢材应符合桩尖采用钢板制作，钢板材质应符合《碳素结构钢》GB /T700 的有关规定，材料的机械性能不应低于 Q235A 要求，桩尖制作和焊接应符合《建筑钢结构焊接技术规程》JGJ81。

（2）其他未注明的钢材采用 0235B。

（3）钢材的屈服强度实测值与抗拉强度实测值的比值不应大于 0.85；钢材应有明显的屈服台阶，且伸长率不应小于 20%；钢材应有良好的焊接性和合格的冲击韧性。

（4）钢材性能除应符合碳素结构钢的要求外，尚应具有抗拉强度，伸长率、屈服强度和硫、磷含量的合格保证，对焊接结构应具有含碳量的合格保证。焊接承重结构以及重要的非焊接承重结构还应具有冷弯试验的合格保证。

（5）PC 桩用端板性能符合《先张法预应力混凝土管桩用端板》JC/T947-2014 的规定，材质应采用 Q235 B。桩套雏材质的性能应符合 GB/T 700 中 Q235 的规定。

5. 结构加固用胶粘剂：植筋用胶粘剂及粘碳纤维布采用的胶粘剂的基本性能为 A 级胶，性能均应符合国家标准《工程结构加固材料安全性鉴定技术规范》GB50728-2011 第 4.2.2 条的规定。

6. 焊条

手工焊接采用的焊条，应符合现行国家标准碳钢焊条（GB/T15117-1995）或低合钢焊条（GB/T15117-1995) 的规定，选择的焊条型号应与主体金属力学性能相适应。自动焊接或半自动焊接采用焊丝和相应的焊剂应与主体金属力学性能相适应，并应符合手工焊时，采用 E43 型焊条，其性能应符合 GB/15117-1995 的规定。

（四）加固设计总则

1. 因本工程为纠倾加固工程，当图示尺寸与实际不符时，以实际尺寸为准。

2. 在加固工程中若发现原结构构件有开裂、腐蚀、锈蚀、老化以及与图纸不一致的情况，以及其他设计与现场不符时，施工单位应及时反馈给设计单位，采取必要的处理措施后才可继续施工。

3. 工程施工前必须完全理解加固的原则及其加固的需要，若部分结构构件拆除之前需先要加固其他的构件，必须确保加固工作完成且加固构件达到设计强度后，方可进行相关的拆除工作。

4. 在施工安装过程中，应采取有效措施保证结构的稳定性，确保施工安全。

5. 施工中应加强对该楼的沉降观测。

6. 纠倾施工应设置现场监测系统，实施信息化施工。

7. 纠偏施工应严格控制回倾速率，做到回倾缓慢、平稳、协调。

（五）纠倾处理方案

针对该塔具体情况，首先采用钢支撑对上部结构进行临时加固，再对基础进行扩宽处理，然后采用掏土的方法进行迫降纠倾，纠倾到位后在掏土孔内内填砂，并灌注水泥浆进行止倾，后在古塔外侧布置侧限桩，纠倾过程中严密监测古塔的沉降，以便指导掏土的施工。具体施工工序为：

1. 埋设沉降观测点和垂直度观测点。在古塔的纵横墙交接处埋设沉降观测点，共设 6 个沉降观测点，观测点布置详见结构图纸。在建筑物的六角设置了倾斜观测点，共布置 6 个倾斜观测点，倾斜观测点布置详见结构图纸。

2. 古塔上部加固。为了保证迫降过程中古塔的安全，在古塔上部结构布置钢支撑，进行临时性加固。

3. 开挖工作坑。在古塔基础外侧开挖工作坑，为扩大基础底面积和掏土提供施工空间。

4. 扩大基础底面积。

5. 掏土纠倾。为促使古塔向东北方向回倾，在古塔的东北侧的工作坑内布置水平掏土孔，掏土孔的布置详见结构图纸。掏土孔的设计孔径为 60 毫米，分批分期进行掏土。保持对古塔进行监测，如果经过长时间尚未达到纠倾要求，逐孔检验孔壁塌陷情况，清孔或重新成孔。

6. 纠倾施工结束后，继续沉降观测，然后清理工作坑内的杂物，采用粉质黏土对工作坑进行回填，分层夯实至设计标嵩。回填土压实系数≥0.94。禁止在建筑物四周超高、超重堆载。

7. 新增侧限桩。根据设计要求在古塔外侧周围布置侧限桩，侧限桩采用预应力混凝土管桩，即 PC 桩，采用静力压桩法的沉桩工艺，约束土的侧向变形，防止古塔纠正后再发生倾斜。

8. 迫降观测。整个纠倾过程中，对古塔的沉降、倾斜、裂缝进行系统观测，掌握古塔各部位的沉降情况，以便指导掏土施工。同时也应严格遵守缓慢、平稳、协调的纠倾原则，回倾速率控制在 3 毫米 ~ 5 毫米 / 天内。当该古塔的倾斜率小千 0.8% 时停止掏土。

（六）技术要求

1. 静力压桩机应满足以下要求：

（1）压桩机的最大压力不少于单桩承载力特征值的 2.2 倍；

（2）压桩机的外形尺寸及托运尺寸应满足场地道路及施工要求；

（3）压桩机的接地压强应小于场地表层土承载力特征值；

（4）压桩机的吊装机构性能及吊桩能力应满足所施工桩的起吊要求。

2. 压桩施工应按以下要求进行：

（1）在桩位复核无误后，桩机按照规定的打桩顺序就位。当施工现场表层土较软时，应采取铺设垫层及降水处理措施，以保证桩机行走及就位平稳；

（2）用吊车将桩送至距桩机距离合适的位置，摆放平顺，保证桩机起吊方便。喂桩前要仔细检查所确保使用桩的型号准确无误。在喂桩过程中，确保安全、平稳、防止桩体磕碰损伤（伤人和伤机）；

（3）第一节桩起吊就位插入地面时应采用经纬仪双方向监测桩体的垂直度，并在压桩过程中跟踪观察，随时调整垂直度的偏差，直到沉桩工序终结；

（4）在确认桩位准确无误后，方可加压使桩体连续下沉，压桩时各工序应连续进行，严禁桩未压到设计标高而中途停压，如遇到压力值急剧增加、桩体突然发生倾斜、移位、压桩顶或桩体出现破裂，应停止沉桩查找原因，并采取措施；

（5）在压桩过程中，准确记录沉桩过程中的各种情况，包括压桩时间、桩位编号、压桩的质量，入土深度和对应的压力读数；

（6）终压标准以桩的入土深度和压力值双重指标控制，当管桩进入持力层压力超过设计指标，但不能达到设计深度或达到设计深度而达不到终止压力时，应与设计人员研究，并通过现场试桩，确认单桩承载力达到设计要求后，方可继续施工。

（七）加大基础底面积加固

1. 在灌注混凝土前，应将原基础刷洗干净后，铺一层高强度等级水泥浆或涂混凝土界面剂，以增加新老基础之间的黏结力。

2. 对加宽部分，地基上应铺设厚度 100 毫米的强度等级为 C10 的素混凝土垫层。

3.基础下地基土应按《建筑地基基础设计规范》GB50007-2011的要求进行夯实，压实系数≥0.97。

（八）植筋

1.拉结筋等非受力筋植筋深度不小于15d（d为植筋公称直径）。

2.要求钢筋必须顺直，植筋前应对原有钢筋进行除锈，且除锈长度大于植筋长度。

3.植好的钢筋或锚栓在固化期间不能扰动，待植筋胶养护结束后才可进行钢筋焊接、绑扎及其他各项工作。

4.植筋时，其钢筋宜先焊后种植；若有困难必须后焊，其焊点距基材混凝土表面应大于15d（d为植筋公称直径），且应采用冷水浸润的湿毛巾包衷植筋外露部分的根部。并将灰尘清理干净，充分湿润，保证连接面的质量和可靠性。

（九）迫降观测

监测宜采用自动化实时监测技术，实时反馈纠偏施工过程中各控制参数的变化，为下一步工序的实施提供指导，沉降观测应由有相应资质的单位承担。各沉降观测点和垂直度的布置详见图纸。

1.沉降观测采用闭合法，测量精度采用Ⅱ级水准测量。也可采用其他内藏式观测点做法。

2.沉降观测和垂直度观测应按要求连续观测，不得任意更改水准点。

3.不均匀沉降控制点应设在同一标高上。

4.施工过程中每天监测1次～2次，且每级次纠偏施工每天监测不少于1次。

5.当监测数据达到预警值或监测数据异常时，立即报告；并应加大监测频率或采用自动化监测技术进行实时监测。

6.纠倾工程竣工后，继续对建筑物的沉降进行观测，观测时间不应小于1年；第一个月的监测频率，每10天不应少于1次；第二、三个月，每15天不应少于一次，以后每月不应少于1次。

（十）古建筑纠偏施工要点

1. 纠偏施工前应先落实和完善文物保护措施；应在文物专家的指导下，对文物，梁。柱及壁画等进行围挡，包裹，遮盖和妥善保护，并应设专人监护。

2. 纠偏施工前应对工人进行文物保护法制教育，施工中若发现文物古迹，应立即上报文物主管部门，并应停止施工保护好施工现场。

3. 纠偏施工前，应完成结构安全保护和施工安全防护，并保证安全防护系统可靠。

4. 监测点的布置和拆除应减少对古建筑物的损伤，拆除后应按原样做好外观恢复工作。

5. 雨季，冬季应对措施雨季施工，基坑开挖时在四周留设排水沟和排水坑，同时准备好滤水泵强制抽、排水；施工场地湿滑时，在施工场地铺设碎砖和石子，避免水中作业。冬季施工，气温较低时应注意混凝土保温。

6. 不可预见因素的应对方案

在基坑开挖中，如发现实际情况与图纸不相符或地下异常情况时应及时通知设计方，根据实际情况提出处理方案，要随时关注施工情况，了解相关信息，提前预见可能出现的各种情况，提前采取措施，尽快解决。

（十一）其他要求

1. 当图示尺寸与实际不符时，以实际尺寸为准。

2. 本工程所采用的材料应满足国家材料规范要求，所有材料必须具有质量合格证明书。

3. 每一道工序结束后应按工艺要求进行检验，做好相关的验收记录，如出现质量问题应立即返工。

4. 本工程施工须有加固资质的施工单位进行施工，施工队伍要有丰富的加固施工经验。

5. 本套结构施工图纸中除标高为米外，其他尺寸均为毫米。

6. 加固施工前，被加固构件表面清理一定要到位，不得有遗漏。

7. 钢筋单面焊接大千 10 天，双面焊接大千 5 天。

8.基坑开挖时应按相关施工规范进行放坡，并采取措施防止边坡失稳。

9.施工时必须要有详细的施工组织设计、严格的施工程序和具体的操作方法。

10.其他未尽事宜，由委托方，设计，施工三方共同商定，严格按现行国家规范执行。

二、上部结构加固方案

（一）文物加固设计总则

1.本次结构加固目的是确保古塔迫降过程中文物本体的安全，为临时加固措施，迫降完成后拆除。

2.加固材料与墙面接触处均采用柔性织物铺垫，防止文物本身（尤其角部）受损。

3.加固专业施工单位须根据本设计及有关规范编写加固分项工程的施工方案和加固过程中有可能对文物造成损伤的预防措施。

4.本次加固应在迫降纠倾前加固。

5.檐口构件、塔刹等非结构构件应根据现场情况制定专门的加固保护方案，不得损坏文物本体。

（二）结构加固依据

《中国文物古迹保护准则》（2004）

《中华人民共和国文物保护准则》（2004）

《文物保护工程管理办法》（2003）

《钢结构设计规范》（GB50017-2003）

《钢结构工程施工质量验收规范》（GB50205-2001）

《冷弯薄壁型钢结构技术规范》（GB5001B-2002）

《建筑钢结构焊接规程》（JGJ81-2002）

（三）加固工程主要材料

1. 槽钢：114a。

2. 加固桁架用钢为Q235B，其力学性能及碳、硫、磷含量的合格保证必须符合《低合金高强度结构钢》GB/T1591-1994的规定。

3. 钢结构钢材应符合下列规定：承重结构的钢材应具有抗拉强度、伸长率、屈服强度和硫、磷含量的合格保证，对焊接结构尚应具有碳含量的合格保证。焊接承重结构以及重要的非焊接承重结构采用的钢材还应具有冷弯实验的合格保证。钢构件所用钢材、连接材料和涂装材料应具有质量合格保证书，并符合设计文件要求和国家现行有关标准的规定。

钢结构钢材还应符合下列规定：钢材的抗拉强度实测值与屈服强度实测值的比值不应大于0.85。钢材应有明显的屈服台阶，且伸长率不应小于20%。钢材应具有良好的焊接性和合格的冲击韧性。

4. 焊接采用的材料应符合下列要求：

（1）手工焊接用的焊条，应符合现行国家标准《碳钢焊条》GB/T5117-1995规定的E4303型。

（2）自动焊接或半自动焊接用的焊丝，应符合现行国家标准《熔化焊用钢丝》GB/T14957的规定。选择的焊丝和焊剂应与主体金属相适应。

（3）二氧化碳气体保护焊接用的焊丝，应符合现行国家标准《气体保护电弧焊用碳钢、低合金钢焊丝》GB/T8110的规定。

（四）制作与安装

1. 钢构件所用钢材、连接材料和涂装材料应具有质量合格证书，并符合设计文件的要求和国家现行有关标准的规定。

2. 钢构件的放置、搬运、组装和安装应由有经验的人员负责，应尽可能减少材料在现场的搬运次数。构件起吊时应防止发生屈曲。

3. 钢结构构件在运输过程中应采取防止变形和损伤的措施安装前应严格检验，如有变形和损伤应及时修补矫正。

4.所有工厂对接焊缝以及坡口焊缝按照（GB50205-2001）中的二级检验，其他焊缝按三级检验。

5.未注明焊缝的焊脚尺寸均为5毫米，一律满焊。

（五）涂装

钢结构在制作前，表面应彻底除锈。表面处理后到涂底漆的时间间隔不应超过6h，在此期间应保持洁净，严禁沾水、油污等。连接接头的接触面和工地焊缝两侧50毫米范围内安装前不涂漆，待安装后补漆；安装完毕后未刷底漆的部分及补焊擦伤，脱漆处均应补刷底漆，在使用过程中应定期进行涂漆保护。

（六）其他

1.除注明者外，设计图中所注尺寸均以毫米计，标高以米计。

2.钢结构加工制作时，各专业应密切配合，防止现场开孔机焊接。

3.其他未尽事宜，由建设、设计、施工三方共同商定，严格按现行国家规范执行。

第四章 结构图纸

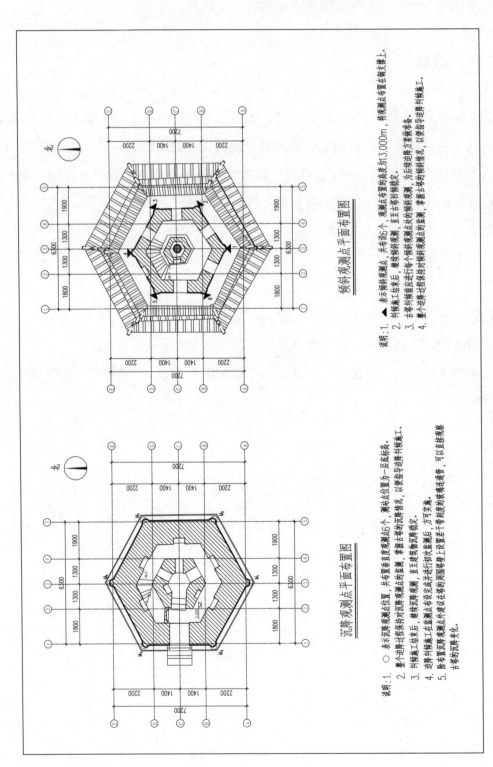

倾斜观测点平面布置图

说明：1. ▲表示倾斜观测点，共布设6个，观测点布置时的高度为3.000m，将观测点布置在桅杆支撑上。
2. 纠倾施工结束后，继续倾斜观测，直至古塔回倾稳定。
3. 古塔纠倾前应立即进行每个倾斜观测点的倾斜观测，为后续进行方案做准备。
4. 整个纠倾过程连续对倾斜观测点的监测，掌握古塔的倾斜情况，以便指导进行纠偏施工。

沉降观测点平面布置图

说明：1. ○表示沉降观测点位置，共布置6个，测站点位置为一层标高点。
2. 整个纠倾过程连续对沉降观测点的监测，掌握古塔的沉降情况，以便指导进行纠偏施工。
3. 纠倾施工结束后，继续沉降观测，直至建筑物沉降稳定。
4. 纠倾施工正式监测点设立并进行动态监测，方可实施。
5. 除布置沉降观测点外建设在古塔的周围辅上设置若干等间距的观察孔或基准通管，可以直接观察古塔的沉降表化。

图 3-4-1 安平桥（五里桥）沉降观测点、倾斜观测点平面布置图

158

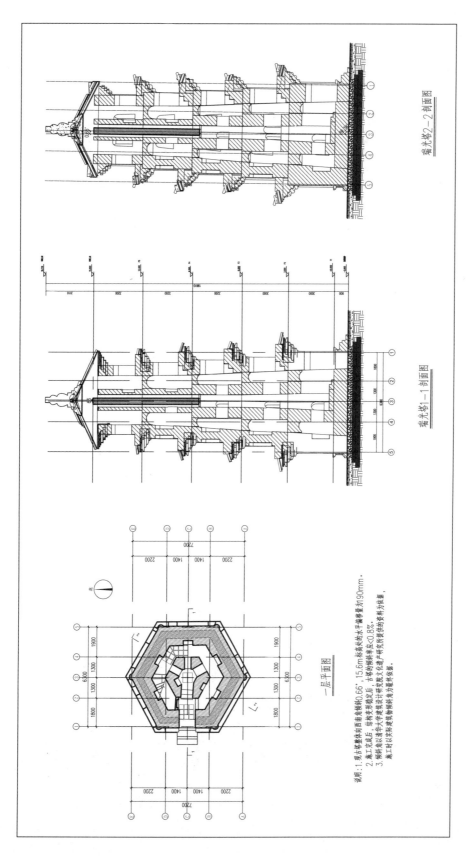

图 3-4-2 安平桥(五里桥)白塔倾斜立面图

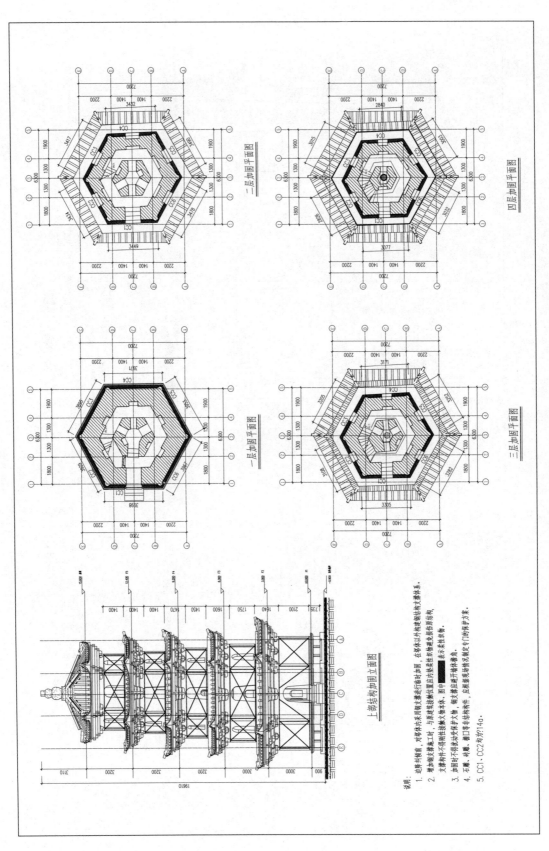

二层加固平面图

四层加固平面图

一层加固平面图

三层加固平面图

上部结构加固立面图

说明：
1. 由碳纤维筋、对管件内设支撑进行临时加固，在支撑以外增设钢结构支撑体系。
2. 增加钢支撑施工时，与原建筑接触位置应内埋木垫及进行防腐处理，与原建筑接触支撑处。
3. 加固时不得刚性接触文物本体，图中 █ 表示未性体为。
4. 加固时不得扰动文物件，领支撑应开墙角。
5. 石雕、脊兽、楼口等结构件，应根据现场情况及制定专口防护保护方案。
6. CC1、CC2发为1/40。

图 3-4-3 安平桥（五里桥）上部结构加固立面图、平面图

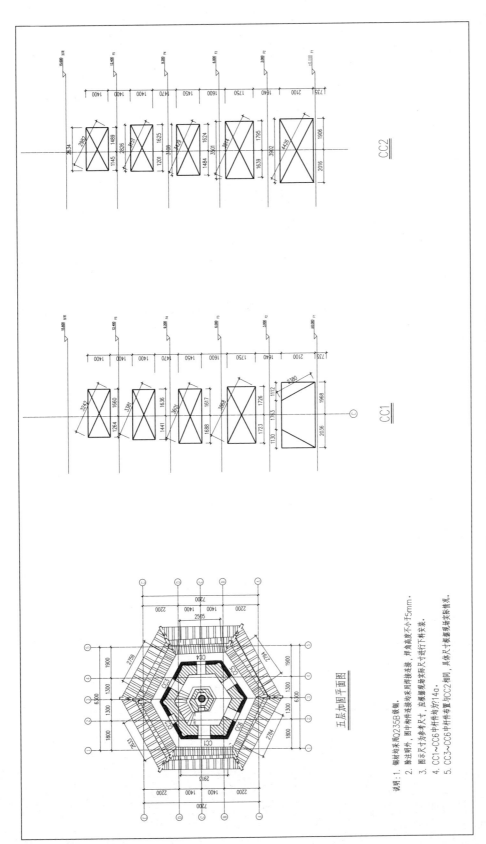

五层加固平面图

说明：1. 钢材均采用Q235B级钢。
2. 除注明外，图中构件连接均采用焊接连接，焊角高度不小于5mm。
3. 图示尺寸为参考尺寸，应根据现场实际尺寸进行下料安装。
4. CC1~CC6中杆件均约14a。
5. CC3~CC6中杆件布置与CC2相同，具体尺寸根据现场实际情况。

图 3-4-4 安平桥（五里桥）CC1、CC2

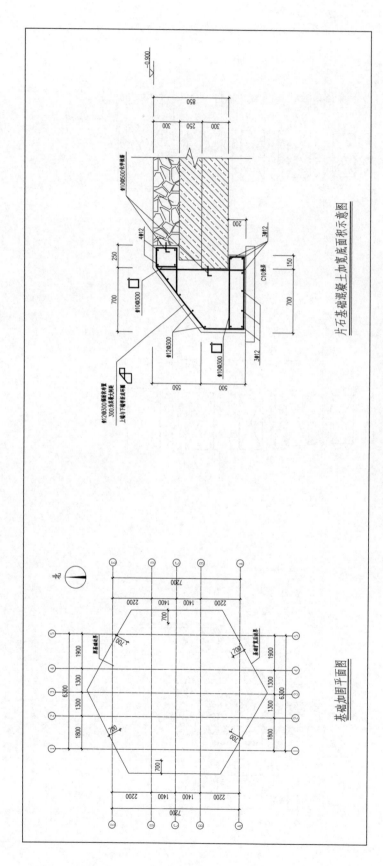

图3-4-5 安平桥（五里桥）基础加固平面图

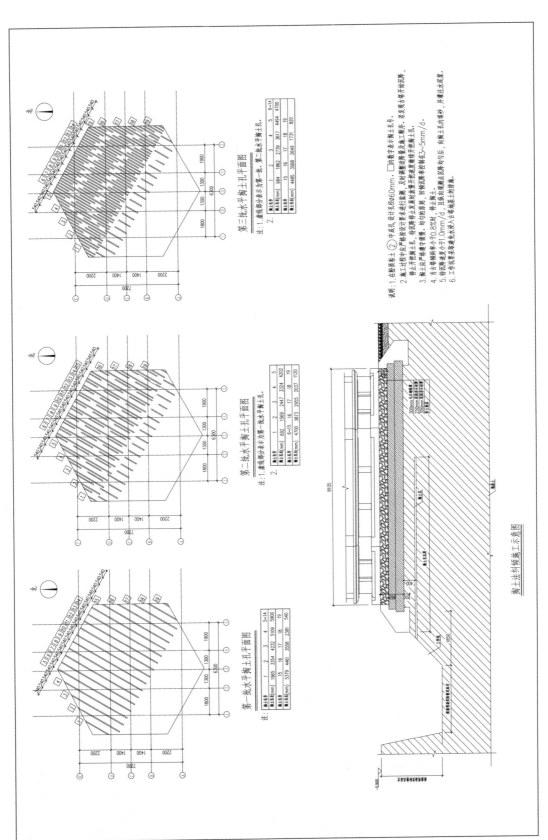

第三批水平掏土孔平面图

注：1.虚线箭头表示第一批、第二批水平掏土孔。

掏土孔序	1	2	3	4	5	6~14
掏土长度(mm)	984	1862	2739	3617	4494	4700
掏土孔序	15	16	17	18	19	
掏土长度(mm)	4485	3568	2649	1731	820	

第二批水平掏土孔平面图

注：1.虚线箭头表示第一批水平掏土孔。

掏土孔序	1	2	3	4	5	
掏土长度(mm)	692	1569	2447	3324	4202	
掏土孔序	6~15	16	17	18	19	
掏土长度(mm)	4700	3873	2955	2037	1120	

第一批水平掏土孔平面图

注：

掏土孔序	1	2	3	4	5~14
掏土长度(mm)	1985	3354	4232	5109	5900
掏土孔序	15	16	17	18	19
掏土长度(mm)	5379	4461	3558	2381	540

说明：1.止挖孔均用②中成孔，设计孔径60mm。□内数字表示土号。

2.施工过程中应严格按设计要求进行监测，及时整理量测资料及施工顺序。若发现异常情况，停止开挖掏土，待沉降停止及房屋稳定后继续开挖掏土。

3.掏土应严格遵守要领，均匀掏取，回填沉降差控制在小于5mm/d。

4.当房屋移量小于0.8%时，停止掏土。

5.掏土时建议先开孔，且从水平掏土孔内偏东后，向掏土孔内填砂，并灌注水泥浆。

6.工作坑在未纠偏完成以前，向掏土孔内填砂，用砂灌至掏土孔的措施。

掏土法纠倾施工示意图

掏土法纠倾施工示意图

图3-4-6 安平桥（五里桥）第一批、第二批、第三批水平掏土孔平面图及掏土示意图

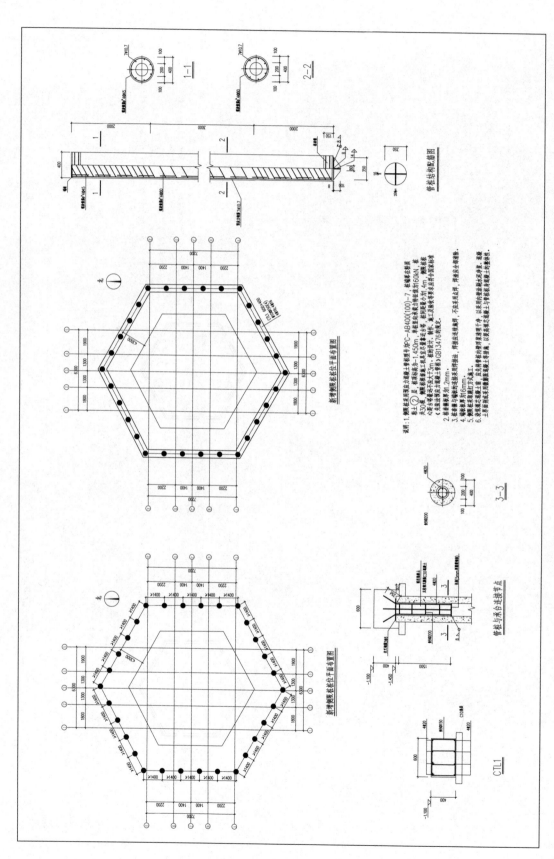

图 3-4-7 安平桥（五里桥）基础加固平面图、新增侧限桩位平面布置图

附录：安平桥瑞光塔文物抢险工程工作计划

安平桥（五里桥）位于福建省泉州市晋江安海镇，是建于宋代的我国最现存最早的跨海石桥，由于其的遗产类型和突出价值，成为第一批公布的全国重点文物保护单位。2009 年，国家启动安平桥的文物保护规划编制工作。2014 年，由于受台风雨水影响，位于东侧安海镇的桥头砖塔瑞光塔出现塔檐脱落，石塔整体向南倾斜，出现了严重的文物险情。为了及时保护好我国重要的文物古迹，防止破坏进一步发生需要尽快启动瑞光塔的文物抢险维修工作，以便于全面保护好安平桥遗产整体的完整性，维护文物本体及历史环境的安全，延续瑞光塔与安平桥及周边自然环境、人文环境的协调关系，并推动其文物价值在新的时代下能持续使用，发挥更为积极的作用，清华大学建筑设计研究院有限公司受地方文物主管部门的委托，编制瑞光塔文物抢险维修工程的工作计划。本案即是受托方在初步研究和现场勘查的基础上拟定的初步计划。以国家文物局颁布的文物保护工程管理要求及相关法规及行业规范为依据，以古塔的现状遗存和周边环境的现状为基础，并结合当地的发展计划和各方需求编制而成。

一、项目概况

（一）文物保护单位概况

名　　称：安平桥

公布时间：1961 年

公布批号：1-0059-3-012

所 在 地：福建省晋江市安海镇

属性类型：古建筑

建筑年代：宋代

安平桥，俗称五里桥，位于晋江市的安海镇，横跨晋江、南安二县交界的海湾上。现存主要文物除了石桥主体外，还包括瑞光塔、海潮庵、水心亭、澄亭院，以及分布于安平桥体两侧的石塔（石亭）五座。

1. 历史沿革

安平桥

南宋绍兴八年（1138年）僧祖派始筑石桥。里人黄护与僧智渊各鸠金万缗为助，未就。

绍兴廿一年（1151年）郡守赵令衿主持督造。董逸（黄护之子）为倡，率僧惠胜。

明永乐二年（1404年）里人黄韦倡修。

天顺三年（1459年）耆民安国募众重修。据重修碑记载：溪潮之处毁断尤甚。先新水心亭次及桥道。

成化六年（1465年）黑人蔡守辉、刘耿倡修。

万历庚子（1600年）颜嘉梧募修桥九间。

清康熙二十三年（1684年）施琅重修，重建水心亭。

康熙五十一年（1712年）施韬倡修。

雍正五年（1727年）张无咎、叶祖烈、施世榜等人重修。碑记载：乙己（1725年）秋山水暴涨，崩坏数次。

雍正五年（1727年）知府张无咎重修。

乾隆十三年（1748年）马修并作记。《重修安平西桥碑记》载：西桥倾圮县告万民病涉。

乾隆二十八年（1763年）靳起柏。

嘉庆十三年（1808年）知府徐汝修。

嘉庆二十一年（1861年）徐汝在修并作记

道光二十九年（1849年）董事会修。

光绪十二年（1886年）林瑞岗、蔡啟昌等修，碑记载：数年来风雨潮浪冲激而势复圮……自癸未（1883年）十月兴工越乙酉（1885年）葭月（11月）告竣。

1963年12月，政府财政拨款8万元维修西姑港段桥墩9座。

1980 年—1985 年，财政拨款 240 万元，按原状进行大修。共修复圯损桥墩 236 座，吊装桥面板 2252 条，安装石护栏 726 付，装配石狮 18 尊，清除桥下淤泥 18 万余立方米，筑堤岸高 4 米～5 米，恢复了两侧各宽 30 米的水面。同时，还修复桥东的水心亭、望高楼，桥西的海潮庵、牌楼以及桥中雨亭、小石塔等附属文物，再现了宋桥原貌。1985 年 5 月，通过国家文物局工程竣工验收。

1997 年，政府财政拨款 10 万元，用于抢修受台风损坏部分。

其他建筑

瑞光塔，俗称白塔，始建于宋。

中亭原称水心亭、泗洲亭。始建南宋绍兴二十一年（1151 年），郡大夫赵令衿倡建。黄护黄逸既僧惠胜为之，以便休息。天顺三年（1459 年）陈弘道鸠众重修。万历二十八年（1600 年）颜嘉梧募缘重修。崇祯十一年（1638 年）郑芝龙倡修。康熙二十六年（1687 年），亭后建寺，原祀泗洲佛，后祀观音。同治五年（1864 年）重建，1935 年重修。

望高楼（桥东）始建于宋，同治三年（1864 年）重建。

门楼（桥西）始建于宋，嘉庆十三年重建，民国间毁，1982 年重建。

海潮庵始建宋代。道光四年（1824 年）由乡绅吕顶官、吕胆官等人及合成号、远珍号等商家合资重新翻盖。

超然亭始建于宋，后焚毁。明、清两次重建。道光间，将水心亭迁于此。名称遂改为水心亭。1938 年秋，弘一法师挂锡寺中，并为书题"澄亭院"。

1961 年 3 月，安平桥与瑞光塔、海潮庵、水心亭、澄亭院等建筑被国务院公布为第一批全国重点文物保护单位。

2. 瑞光塔基本概况

瑞光塔为桥头塔，立于超然亭的东北侧，因位于安海西岸，俗称"西塔"。该塔通高 20.55 米，为五层六角楼阁式仿木结构，内空心，有旋梯可上，外涂白灰土，又俗称"白塔"。南宋绍兴二十二年（1152 年）桥建成那年，乡人拿造桥余资建造，明清间多次重修，明万历三十四年（1606 年）重修后曾易名"文明塔"。

瑞光塔塔体朴素大方。平面为六边形，采用砖砌双筒体结构，上下共五层，逐层收分。每层用砖叠涩出挑形成出檐，檐下仿木构斗拱。

3. 文物环境

自然环境：安平桥位于安海镇和南安水头镇之间的海湾上，历史上是沟通联系两个古镇的重要商贸交通要道。由于沧海桑田的变迁，石桥两边成为水田湿地，海上桥成为陆上桥，新中国成立后经过国家重修，恢复了古桥两侧一定范围的水域，重现了当时跨海大桥的景象。

人文环境：由于城市建设的极速发展，石桥周边形成了高楼林立的城市环境，破坏了原有的人文环境。尤其是在安海镇一侧，与古桥相连的三里古街由于城市开发被破坏，桥头两侧原有的民房和古庙被现代化景观所改造。背离了安平桥原有的人文内涵和历史景观。

4. 价值评估

（1）安平桥是新中国 1961 年公布的第一批全国重点文物保护单位，为保存完整的宋代跨海大桥，长约 2500 多米，又称五里桥。号称"天下无桥长此桥"。桥面蜿蜒逶迤，低低地跨过海面，连接安海和南安古镇，两岸古镇各有一条老街与石桥相连，两岸百姓通过此桥每天商贸往来，桥头和桥心的古庙香火旺盛，寄托两岸共同的精神信仰。具有重要的文物价值。

（2）瑞光塔是位于安平桥东头的桥头塔，与安平桥同时建于宋绍兴年间。塔用砖砌筑而成，表面饰白灰浆，当地俗称"白塔"。白塔不高，但具有典型的宋塔特征，平面为六边形，采用砖砌体内外双套筒空心结构，具有较强的结构稳定性。内外筒之间是窄窄的通道，中有楼梯可登临其上。外观五层，逐层收分，增加结构稳定，形成古塔质朴健硕的外观。三层以下内筒空心，三层以上采用塔心柱，下端座于大梁上，上端直至塔刹下端，抵住塔刹宝顶。此做法隐隐保留有唐代楼阁式木塔中"塔心柱"艺术遗风，此工艺至今在日本奈良法隆寺五重塔中仍可见一斑。具有重要的价值。

（二）项目性质

本次申报的项目为全国重点文物保护单位的附属建筑的抢险维修工程。工程对象为安平桥东侧之瑞光塔，又称白塔。

由于白塔出现严重的文物险情，按照国家文物保护工程的管理要求，应该及时编制文物维修抢险加固方案。本工作计划即为此次抢险维修工程的工作计划。

二、项目可行性研究

（一）瑞光塔现状

瑞光塔当地俗称"白塔"，是全国重点文物保护单位安平桥的桥头塔，始建于宋绍兴年间。虽经历代维修，主体仍保持宋代风格特征。如平面采用六边形，塔体结构采用内外两层双套筒砌体结构，逐层收分形成稳定的建筑形式，三层以上采用中心柱形式直抵塔刹，为现存古塔中比较少见之实例，具有重要的研究价值。

2014 年 5 月下旬至 6 月上旬，受当地雨季台风影响，白塔第三、四层塔檐出现坍塌，并砸坏第二层塔檐。塌落的砖瓦散落在塔体下方，少量堆积在第一、二层塔檐上。

经现场进一步勘查发现，塔体已经存在一定的倾斜，三层以上塔檐上杂草丛生，坍塌部位砖瓦裸露，受雨季台风影响，有进一步塌落的危险，存在一定的险情。因此，亟待编制抢险维修方案，按程序上报的同时，及时实施临时支护措施。

抢险维修方案的编制一方面要按照国家文物保护工程管理要求进行编制，同时又要有针对性，针对主要的病害情况制定抢救性措施。对于前期所勘察应根据项目紧迫情况尽量安排，不能因勘察资料不完整而不实施抢救。抢救措施因尽量依据险情勘察的结论提出，时间或条件具备的情况下，应尽量实施完整的前期勘察，包括地质地基方面的勘察，使得抢救措施更加完整有效。

（二）瑞光塔本体及周边环境存在的主要问题

1. 文物本体存在的主要问题

2012 年发现塔体已出现一定的倾斜，但据当地文物管理部门介绍，塔体倾斜已有相当一段时间，塔体并未出现明显开裂等险情。但也没有进行相关的监测和保护措施。

2014 年 6 月现场初步勘察，塔体明显向南倾斜，目测超过 20 厘米以上。第三、四层塔檐大块脱落，并砸坏二层檐口。碎砖散落一地。

塔基座风化严重，角部力士形态表情已不可辨。

各层塔身墙面剥落严重，多处裸露内部红砖。

塔内部墙面刻画严重，常有人寄居其中，堆放杂物被褥，可见日常疏于管理。

三层以上墙体转角多处开裂，砖体松散错位，险情严重。

塔心柱柱脚糟朽严重，柱身表面有明显虫蛀痕迹，内部情况不明。柱顶与塔刹底部脱开，向南倾斜明显

塔檐杂草丛生，受雨水冲刷，墙面污渍严重。

2. 周边环境存在的主要问题

安平桥周边环境已不是原有的历史环境。由于历史沧海变桑田的变化，石桥两侧目前保留水面仅仅约为 35 米宽。安海镇桥头环境近年来遭到城市建设的重大破坏。桥头引桥两侧拆毁原有临街的民房，改造成现代几何园林式的现代景观。城市道路建设将三里古街和安平桥的历史联系割裂。瑞光塔周围也按照规划要求实施现代景观改造，与新建小区地下广场相连。破坏了瑞光塔所在安平桥桥头的历史环境氛围。

（三）安平桥管理现状及存在的主要问题

1. 管理现状

管理机构：目前安平桥存在多头管理，实际上无人管理的困境。桥体主体从中间分为两段，一段归安海镇管理，一段归水头镇管理，位于桥中心的水心亭由泉州市文物管理所负责。而位于东侧的瑞光塔则没有明确，导致长期无人管理，游客路人长期寄居塔中，肆意刻画。古塔本身也存在年久失修、加速老化的严重问题。此国保单位的管理权属多次随意变更，造成事实上缺少对文物古迹的有效管理，

保护档案：2005 年建立文物保护档案，内有文字、图片、照片等资料，现存于泉州市文物局。但缺少必要的测绘图，尤其是瑞光塔的测绘图和相关资料缺乏。

保护标志：有。

安全保卫：无。

保护区划：保护范围：桥两侧 35 米到堤岸，东到瑞先塔，西到海潮庵。建设控制地带：南到公路（安海通往水头），北距古桥 180 米范围内。据泉政（1995 年）综179 号。

2. 存在的主要管理问题

文物管理：缺少稳定的专门的文物保护管理结构，缺少管理设施；缺乏必要的规章制定与管理规定。

保护档案：缺乏安平桥相关的研究成果和历次工程资料的收集，缺测绘图及地形图。

保护标志：区划边界没有设置用以说明管理范围的界桩及全国重点文物保护单位标志牌。

安全保卫：缺乏安全防护设施，无法保障文物安全。

保护区划：保护范围和建设控制地带没有得到严格的管理和执行，造成事实上区划规定在法律上的失效。没有针对各级保护区划制定相应的管理规定。

安平桥为首批全国重点文物保护单位，具有重要的价值。但是长期以来，其保护管理机构的职能设置不稳定，管理能力和法制意识薄弱，造成事实上管理失效局面。城市建设不仅突破建设控制要求，甚至还深入保护范围以内实施景观改造，破坏历史环境。"四有"工作有了一定的基础，但仍急需补充。

（四）瑞光塔展示与利用现状存在的主要问题

1. 展示与利用现状

目前瑞光塔尚未对公众开放，但是由于缺乏管理，导致路人寄居其中，游客登临刻画，破坏古迹的历史价值。

2. 存在的主要问题

没有结合安平桥的整体价值进行古迹保护规划，没有制定合理的展示与利用策略。

（五）瑞光塔抢险工程的必要性和意义

1. 近期出现较为严重的险情

由于长期缺乏有效管理，导致瑞光塔积累的病害逐年增加。近期由于台风和雨季的影响，终于导致塔体出现坍塌等重大险情。此外，古塔倾斜程度也有进一步发展的趋势。塔内多处墙体出现大面积剥落和开裂。塔心柱与塔刹出现脱离。总体情况表明，瑞光塔近期出现了严重的险情，亟待开展抢险加固和文物维修工作。

2. 瑞光塔存在一定的基础工作条件

瑞光塔属于安平桥国保单位的附属建筑，安平桥国保档案材料相对完整，为瑞光塔的背景资料收集提供了一个有利基础。此外，瑞光塔建筑形式比较单纯，便于及时补充相关的测绘和勘察，具备一定的基础工作条件。可以通过专业保护机构的帮助，补充瑞光塔的测量测绘，以及地基勘察和病害调查等前期基础工作。

（六）项目可行性分析

1. 专业保护机构的介入和技术保障

清华大学建筑设计研究院是我国第一批公布的文物保护工程勘察设计甲级资质单位。是全国范围内实力最强的文物保护技术专业团队之一。特别是在 2008 年汶川地震中完成的二王庙震后抢险维修工作，获得了国家文物局保护工程的最高奖。积累了丰富的文物抢险维修工作经验。此次受晋江市文物部门邀请对瑞光塔受损情况进行勘察，掌握了第一手的资料。

2. 当地政府和文物的有力支持

对于瑞光塔的文物抢险保护工作，晋江和安海各级政府一直高度重视，并给予了有力的支持。在瑞光塔出现严重险情的情况下，尽快启动抢险方案的编制工作。一方面按照保护文物的实际需要，完成紧急抢险维修设计图纸，开展施工。另一方面按照国家文物保护要求，编制上报国家审批的勘察设计方案。

三、项目工作计划

（一）工作目标

本次工作目标为本着"保护为主，抢救第一，合理利用，加强管理"的文物工作方针，在广泛深入研究的基础上制定瑞光塔的维修方案，制定相应的技术措施，从而指导真实、全面地保存并延续其历史信息及各类价值，修缮自然力和人为造成的损伤，制止新的破坏，合理利用，造福社会。

（二）工作方式

确定合同意向后，我方将针对该项目成立项目工作组，全面负责项目工作的进程和主要环节。工作中采用项目负责人制，专人负责各项工作内容。相关领域的研究工作采取横向合作方式，选择上高水准，高信誉，联系便利，可行性强的科研单位进行合作。不定期约请相关专家组成专家咨询组参与意见。并在实地勘测及资料整合的过程中尽量利用最新最先进的技术，确保维修措施具有针对性和可实施性，尽快解除险情，恢复文物古迹的安全的原状。

（三）工作原则

1. 坚持文物保护的真实性原则，强调最少干预，避免建设性破坏；

2. 坚持文物保护的完整性原则，关注保护的全面性，制定系统的保护对策；

3. 加强调查研究和评估分析，提高保护措施的科学性；

4. 关注文物保护单位的保护与地方社会经济发展的协调关系；

5. 坚持科学、适度、持续、合理的利用；

6. 提倡公众参与，注重普及教育，鼓励对文物及其保护的科学研究。

（四）工作时间计划

表 4-1-1

时间	工作内容	目标	备注
2014.6.25~30 日	三维激光对塔体进行全息扫描和测量	测量、受损状态全息记录	
2014.6.20~30 日	地质和地基情况勘察与检测	地质勘查报告、结构检测报告	由业主单位自行委托完成
2014.7.01~10 日	技术人员进场全面测绘和勘察	全套古塔测绘图	
2014.7.10~25 日	编制古塔维修措施设计图纸	抢险工程设计图	
2014.7.10~7.30 日	文物维修勘察报告	上报国家审批的资料只要	
2014.8.01~8.20 日	按国家文物工程上报审批要求，编制瑞光塔全套维修工程设计方案	全套上报国家审批的设计方案（含勘察报告和测绘等资料）	

（五）业主配合条件

表 4-1-2

测绘条件	塔体周围场地进行必要清理、测绘期间配合人员协助管理； 升降高度在 15 米左右的可移动升降车，有稳定作业平台的（计划使用 3 天）； 工程用 40 米移动电源缆线； 就近的必要的午饭和住宿条件（可洗澡就行）。
地勘条件	1. 由当地业主所委托单位提出

四、设计勘察成果

（一）前期勘察成果

1. 三维激光扫描影像资料

采用三维激光对瑞光塔现状进行全息扫描，记录受损状态并分析。影像资料和分析成果提供给晋江文物部门留存。

2. 瑞光塔全套测绘图纸

采用建筑制图方式对瑞光塔现状进行全面测绘和制图。记录古塔的完整结构特征和细部构造详图。测绘图纸也是文物"四有"档案资料中的要求，安平桥国保档案中对桥体、中亭、寺庙、古塔等基本没有完整细致的测绘图。应利用此次抢险工程将瑞光塔测绘图完整绘制并留存于国保档案中。

3. 地基勘察报告

按照建筑工程要求，对古塔所在的地质和地基情况勘察报告。

4. 其他检测报告

古塔结构鉴定报告；砖体检测报告、木材鉴定报告等。

（二）紧急抢险设计图

给安海镇用于紧急实施

1. 设计说明：抢险维修的工程要求和基本措施要求。

2. 设计图纸：临时抢险和紧急修缮的施工图。

（三）瑞光塔文物维修设计审查的全套方案

上报国家文物局

1. 瑞光塔文物勘察报告。

2. 现状测绘图和病害分布记录。

3. 修缮设计方案技术说明文件。

4. 修缮设计方案全套图纸。

五、现状照片

图 4-1-1　安平桥（五里桥）外观现状（一）

图 4-1-2 安平桥（五里桥）外观现状（二）

图 4-1-3 安平桥（五里桥）环境现状（一）

图 4-1-4　安平桥（五里桥）环境现状（二）

图 4-1-5　安平桥（五里桥）塔檐受损（一）

图 4-1-6　安平桥（五里桥）塔檐受损（二）

图 4-1-7　安平桥（五里桥）散落塔檐砖块

图 4-1-8 安平桥（五里桥）入口

图 4-1-9 安平桥（五里桥）塔基座风化严重

图4-1-10　安平桥（五里桥）室内残损（一）

图4-1-11　安平桥（五里桥）室内残损（二）

图 4-1-12　安平桥（五里桥）塔心柱残损（一）

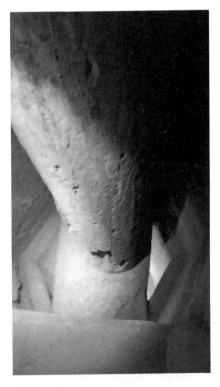

图 4-1-13　安平桥（五里桥）塔心柱残损（二）

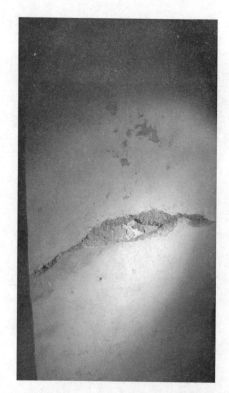

图 4-1-14　安平桥（五里桥）砖墙横缝

图 4-1-15　安平桥（五里桥）塔心柱与塔刹底端脱开

图 4-1-16　安平桥（五里桥）文物管理——塔内有人居住、刻画严重（一）

图 4-1-17　安平桥（五里桥）文物管理——塔内有人居住、刻画严重（二）

后记

　　感谢晋江市博物馆和安海镇人民政府提供的大力支持。从前期争取国家文物局立项到工程实施至竣工全过程，晋江博物馆吴金鹏、张卫军，以及安海镇人民政府相关领导同志，在及时上报文物险情、争取国家文物局立项、工程后续管理等方面做了大量工作。在此致以诚挚的感谢。同时也感谢工程设计单位、施工单位、监理单位在项目实施中群策群力，积极主动开展技术创新，付出了巨大努力。

　　本书虽已付梓，但仍感有诸多不足之处。对于安平桥的研究仍然需要长期细致认真的工作，我们将继续努力研究探索。至此感谢为本书出版给予帮助、支持的每一位领导、同事、朋友，感谢每一位读者，并期待大家的批评和建议。

朱宇华

2021 年 8 月